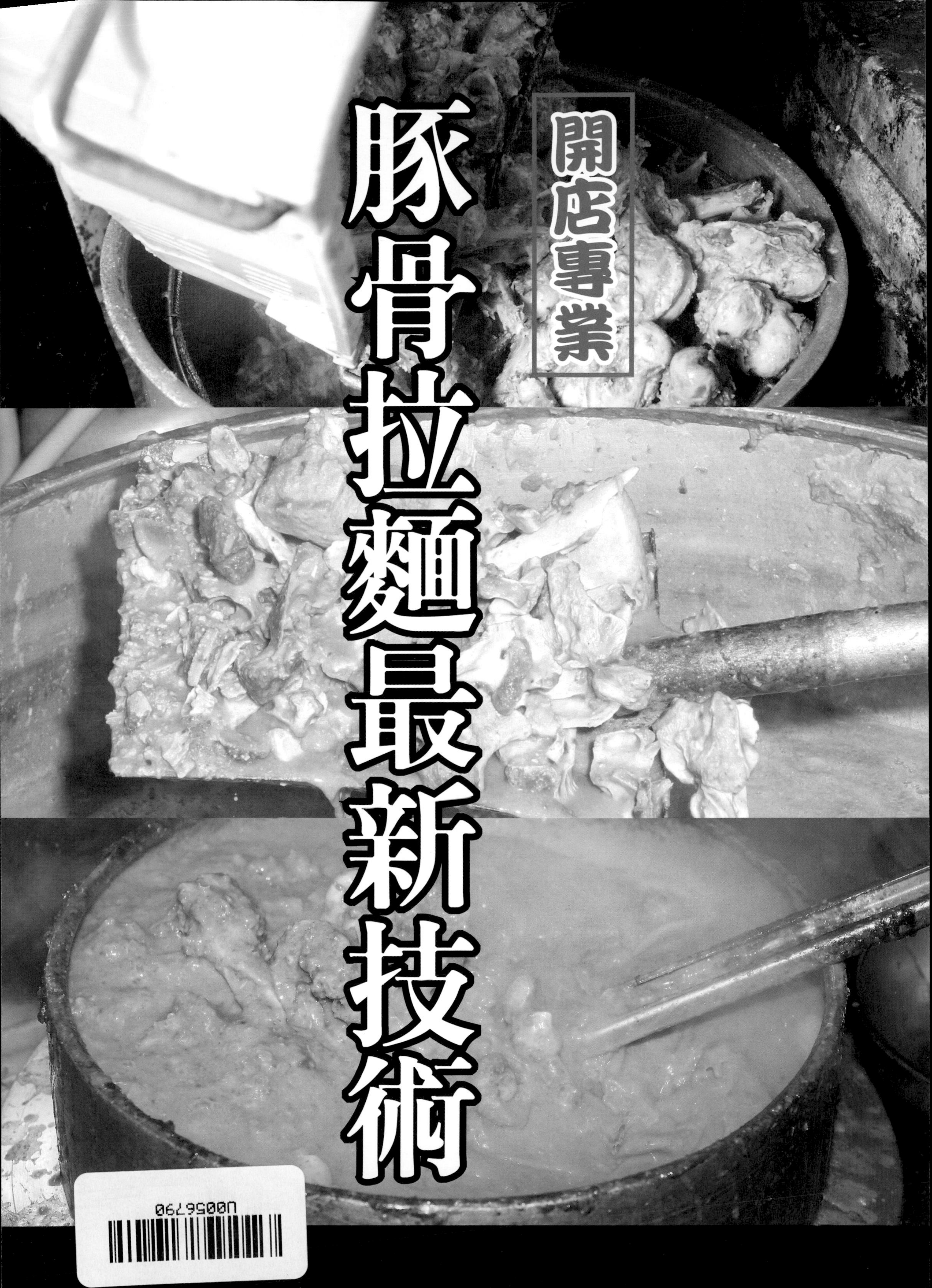

開店專業

豚骨拉麵最新技術

多樣化的豚骨拉麵

各種風味、濃度、麵體

除了118頁的詳細說明之外，對於「豚骨拉麵」一詞，每個人腦海中浮現的畫面也許各不相同。年代的差異、地域的區隔，以及喜好的不同，都是造成相異的因素。

豚骨湯頭更可見朝向「超級濃厚」的趨勢發展。

第3頁的圖表列出本書的協力店家製作湯頭使用的全部材料種類。

豬骨搭配雞骨、魚貝高湯等則各有不同的風味呈現。

豚骨拉麵的麵體，也不再僅限於低含水的極細麵。

利用沾麵、拌麵的麵體，更增添豚骨拉麵的多變風貌。

什麼原因造成這股趨勢？與其探究群眾嗜好變化、飲食習慣變化等複雜數據，不如說是拉麵店家們的努力研發精神，造就了豚骨拉麵的多樣化。更使其展現無可匹敵的多樣風貌。

僅在豬骨可見的深奧境界

多樣化的豚骨拉麵，儘管造就日益複雜的製程，而單以豬骨熬製的豚骨拉麵是最簡單的做法嗎？相反地，它卻是最為深奧的一方。

不論是以豬頭熬製的豚骨拉麵、或是腿骨熬製的豚骨拉麵，以及利用其豬骨搭配做成的豚骨拉麵等，套用店家最常說的一句話，「豚骨湯頭是有生命的」。

即使知道「今天熬出的湯頭是最佳狀況」，要持續再現完全相同的風味，卻幾乎是不可能的事。相同的製作程序無法複製相同的味道。其中的微妙變化，猶如面對一個生命體。因此，每回製作都是一項新的挑戰。

豚骨拉麵的世界沒有所謂法則或正統的作法。每家店的做法、想法都是正確且獨一無二。可說有多少店就有多少種豚骨拉麵作法。

其中，唯一的共同點則為，各家豚骨拉麵都處在「不停的進化過程」。愈受歡迎的豚骨拉麵，其進化過程愈為快速。而本書即詳實記錄下人氣拉麵店所面臨的挑戰與進化過程。

菜單

豚骨拉麵
豚骨沾醬麵
豚骨拌麵

濃度

濃厚豬骨
超濃厚豬骨
濃縮蔬菜豬骨

麵體

低含水極細麵
低含水中粗麵
中粗麵
粗麵
扁平麵

豬骨魚貝拉麵

豬骨湯＋魚粉
豬骨湯＋魚貝油脂
豬骨湯＋魚貝高湯

豬骨湯使用材料

豬骨

豬頭	大骨（帶肉良質骨頭／刮除肉後的骨頭／部份店家僅將後肢骨稱為大骨等）	
肩胛骨	肋骨	

＋

肉系補助材料

豬腳	豬五花肉	豬肩里肌肉
豬前腿肉	豬舌	背油
豬皮	雞頭	雞踝
雞油	雞骨	雞腳
牛骨		

＋

蔬菜

蒜頭	洋蔥	長蔥
生薑	高麗菜	

＋

海鮮高湯材料、乾料

小魚乾	鰹節	鯖節
宗太鰹節	魚下巴	柴魚類魚粉
小魚乾類魚粉	昆布	蛤蜊
干貝	冰下魚乾	乾香菇

開店専業

豚骨拉麵最新技術

目次

閱讀本書之前

* 各家拉麵店的調理技術都在不斷地進化之中。書中刊載的製作概念與口味為取材當時的情況，可能會發生與現今店家所提供的拉麵、沾醬麵不同的情況。
* 本書內容不限於100%豬骨湯頭，而是以豬骨為基底的湯頭介紹，其中也包含豬骨魚貝湯頭、雞或牛骨湯頭等。
* 使用的食材名稱及工具，以各店家的稱呼為主。
* 各店的地址、電話、營業時間、公休日、網址等資訊，取自2010年9月期間。

有多少家人氣拉麵店，就有多少種豚骨湯頭！

京都・木津川

無鉄砲　本店

2010年8月
東京・中野店開幕

- 地址／京都府木津川市梅谷髯谷15-3
- 電話／0774-73-9060
- 營業時間／11時～15時 18時～23時（售完為止）
- 公休日／星期一
- http://www.muteppou.com

致力追求寬度、高度、深度兼具的豚骨100％濃郁湯頭！

● 豚骨拉麵　700日圓

初次品嚐即給人「前所未有」美味衝擊的超濃厚豚骨湯頭。濃郁、無腥味，又內含甘甜的口感，讓品嚐過的人留下深刻印象，回頭客非常多。點單時可請店家「湯頭加濃」。「湯頭加濃」為另添加背脂。其它像麵的軟硬、蔥花份量均可以顧客喜好提供。免費的配料種類豐富，也極受顧客好評。

前一天湯頭＋腿骨、背骨、肋骨

擁有關西一大勢力號稱的「無鉄砲」集團。總店一日約可消耗３００kg豬骨的驚人份量。沾醬麵專門店「無極」在２０１０年８月分別於東京的江古田及野方開幕。消息迅速在拉麵同好者間傳開，２店已是人氣排隊店家。

「無鉄砲」的系列拉麵特別重視超濃豚骨與純豬骨的呈現，店主赤迫重之先生以追求製作出無法一語道盡的極致豚骨拉麵為目標。僅選用腿骨、背骨及肋骨、水為材料，以火候控制、豬骨的增減來調整湯頭的濃度及香甜，進而產生獨特絕妙的風味。「即使無法詳細描述，但絕對是至今吃過最好吃的味道！」這是店家希望給顧客的感覺，並持續不斷地追求讓顧客眼睛為之一亮的極致美味。

湯頭

材料僅有腿骨、背骨、肋骨。先煮熟大量豬骨，控制火候製作二次湯、三次湯，並隨時添加骨頭調整至完成。不加背油，以骨髓的原味將濃度與口感調整到完美的均衡。

湯頭

豬骨由腥臭轉變為甘美，時間的拿捏是重要關鍵，隨時掌握過程中微妙的變化。

湯頭材料僅有腿骨、背骨、肋骨、水及前一日的湯頭。香味蔬菜或背脂均無添加。

先將前日的湯頭倒入營業用釜鍋內，加入豬骨熬煮。東京・江古田分店亦是取自京都府木津川市總店的湯底，再加入豬骨熬製。

取出長時間熬煮的骨頭，放入另外的釜鍋，加入三次湯熬煮。此階段稱為二次湯。

二次湯內熬煮的骨頭，移至另外的釜鍋，添加熱水熬煮，則成為三次湯。營業中隨時補充的為二次湯。依照營業湯頭的使用狀況來補充二次湯。三次湯則為補充二次湯用。

湯頭製作是一向既沒有食譜也沒有標準程序的學問。

注意湯的濃度、香味以及骨頭等的微妙變化，適時補充背骨、腿骨。此外腿骨敲碎或不敲碎，也能調節出不同的風味。店長赤迫先生說這是一項「取決於骨頭」的烹調藝術。

由於必須經過強火長時間熬煮，因此豬骨的選擇首重持久性。最具代表性的，即是含有豐富骨髓的腿骨。目前均選用日本國產品。

由於使用量大，為顧及貨源供應的穩定及數量確保，因此採用兩家進貨商。

購入的豬骨均採取急速冷凍處理。未經去血水直接放入釜鍋中熬煮。不去血水才能保證材料的鮮度。

火力強度為「恰到好處」的大小。多一分則燒焦全毀，少一分又無法完美萃取出豬骨的菁華。這項「恰到好處」的火候拿捏，全憑多年的經驗與直覺。

開始熬煮時，會先產生腥臭味，以適度強火持續加熱後，腥臭會轉變成甘甜，並且散發濃稠香氣。

製作期間，幾公斤的骨頭必須熬煮多少時間並無一定的準則，必須不斷攪拌釜鍋內材料，使其維持不燒焦的狀態。

赤迫先生強調，完美湯頭的製作，「唯一的技巧就是隨時在旁觀察」。

豚骨湯頭的香味是「逐漸形成散發」的，必須勤加翻攪釜鍋內材料，牢記各個階段的氣味。避免煮焦並添

湯頭的製作

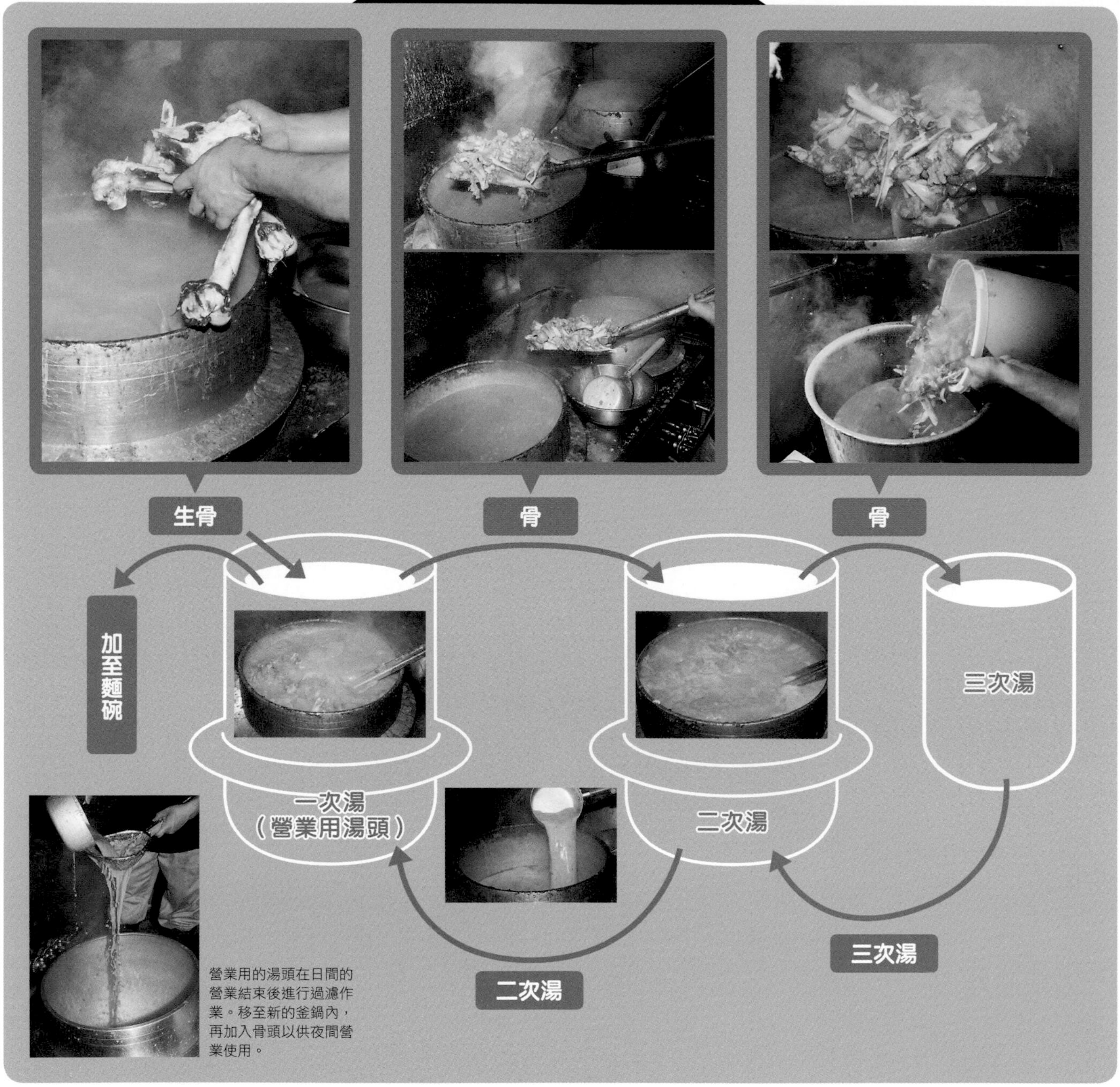

營業用的湯頭在日間的營業結束後進行過濾作業。移至新的釜鍋內，再加入骨頭以供夜間營業使用。

加二次湯調整濃度，以及再加入適量的背骨與腿骨。切忌使用計時器或是同時處理其他作業，務必專心在釜鍋旁注意湯頭的變化。

老湯由九州產醬油與豬肉熬製而成。之後僅以豬骨作為添加材料，堪稱純豚骨拉麵，因為單純，其風味更顯深奧。如同「生命體」般，每一次相同的製作程序，都有不同的結果。

店長赤迫先生的目標不僅是「香醇的拉麵」或「濃厚的拉麵」。在赤迫先生的拉麵世界裡，可以用三言兩語道盡的拉麵，必然容易使人生厭。

希望「特濃」湯頭的顧客，店內可另加入背脂，一般則無添加。也無使用豬油。僅用豬骨熬出的無腥味濃郁湯頭，濃稠卻無油膩口感的優質湯頭。

入口即能感受深厚的質感。完全具備上等湯頭濃而不膩的特色。即使是初次品嚐者，也能立即感受其獨特精煉之處。讓來店顧客不由自主地點頭讚嘆，吃完後碗內幾乎都是一滴不剩的景象。

「很難描述的美味，不知不覺間就吃個精光了！」「第一次吃到這種味道的拉麵，太不可思議了」。顧客們對店內拉麵溢於言表的震撼感受，正是店長赤迫先生不斷追求的目標。

總店在開幕當時是以鹿兒島霧島的水來製湯。隨後發現與使用淨水器過濾水製作的湯頭並無差異，目前各店均使用與飲用水相同的淨水器過濾水製作。

日間營業結束後，將營業用湯頭過濾，移至新的釜鍋。骨頭則移至二次湯的鍋內。在夜間營業開始前，在新釜鍋內加入豬骨，重新熬煮。

提味菜

蒜泥、蒜片與醬油調成的「蒜蓉醬料」。數滴即可提升鹽分，並增強湯頭口感。

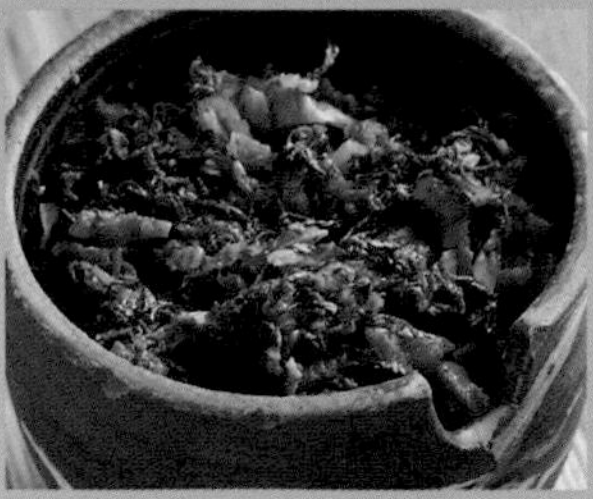

店內將福菜做成辣味小菜。多數客人喜歡加入湯內。也有客人當作搭配白飯的配菜。

提味菜

享受依喜好搭配出來的口味，免費提供多樣提味小菜，傾聽顧客的期待與需求。

拉麵內的提味菜包括青蔥、筍絲、叉燒肉片、海苔。筍絲由老湯滷製，維持與湯頭的協調性。此外，桌上常備免費提味小菜，有紅生薑、自製超辣福菜、自製蒜蓉醬油、研磨芝麻等多樣選擇。

自製超辣福菜取自九州菜乾，以麻油、辣椒等調味製成，辣度極高，務必斟酌添加，以免過辣。不嗜辣者，無須添加即可享受原汁風味。

蒜蓉醬油是宮崎縣內拉麵店的人氣提味醬料，多數店家都會準備自家調製的蒜蓉醬提供搭配食用。

「無鉄砲」店內的醬料採用蒜頭切片、蒜泥與醬油調製而成。加入數滴即能提升鹽分，增強口味。

在店家自豪的豚骨湯頭內，依喜好調配出屬於自己的風味，亦是另一種享受。

除此之外，也可向店家要求麵的硬度（硬、普通、軟）、湯頭濃度（超濃、普通、清淡、超清淡），以及蔥花的多寡（多、普通、少、不加）。選擇「清淡」湯頭時，是以二次湯來做調整。

店家會在顧客開始食用後注意其反應，必定詢問「湯的濃度還可以嗎？」。

一旦顧客的回答是「稍微淡一點比較好」時，店家會立即做稀釋調整，直到顧客滿意為止。希望滿足每一位來店客人的需求是店內不變的信念。

不時詢問來客「感覺如何？」、「合不合口味？」等用餐感想。赤迫先生在開幕初期，即堅持製作者必須近距離面對顧客，並將這項原則落實至全體員工。從1998年創業以來，「無鉄砲」所有分店都繼承了這份對顧客的負責態度與對產品的熱忱。

讓「無鉄砲」始終維持高人氣的最大原因，應該就是這一種「滿足每一位客人」的態度所累積成的傲人成果。

麵體

麵體為自宮崎進貨的中粗直麵。追加麵則採用自製細麵。一開始上桌的麵體，為求與超濃湯頭的協調度而採用中粗麵體。

叉燒肉

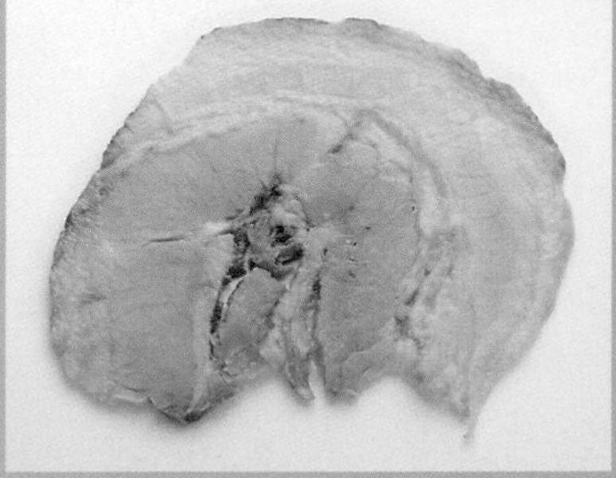

使用豬五花肉製作。在湯頭內燉煮，再浸泡老湯入味。浸泡後的湯汁再倒回老湯，做為醃筍絲的湯汁，這樣能使各項材料保持口味上的一致感。

福岡・小倉

珍竜軒総本店

- 地址：福岡縣北九州市小倉北區三郎丸1-5-5
- 電話：093-941-3750
- 營業時間：
  週一～週五 11時～17時、
  週六及假日 11時～20時
  （湯頭售完即打烊）
- 公休日／週二

致力研發穩定口味的製作方式 逾45載提供百吃不膩的味道

● 拉麵　630日圓

致力追求製作如味噌湯般每天食用也不會生厭的口味。豚骨湯頭每日熬煮，不放至隔日。屬純白乳狀豚骨湯。「美味的肉片像是點叉燒麵一樣多」而廣受好評，叉燒以腿肉與五花肉製作，店內菜單中最普通的「拉麵」即放有4～5片之多。麵體為中粗直麵。桌上無放置蒜泥及醋，點單時店家會詢問「要不要加蒜頭？」或「放不放醋？」。

水＋腿骨・肩胛骨＋背脂＋腿肉的筋＋五花肉的油花

提起發源自北九州的拉麵中的第一把交椅，「珍竜軒」。45年來深入北九州市民的日常生活中，從初代，品川長人先生到2代，品川茂信先生，一直到現今第3代繼承者，品川德孝先生。拉麵中加入蒜味、以輕卡車將拉麵進行移動販賣，以至開發出拉麵專用的辣椒調味料等，都是從「珍竜軒」首開先例而成。活用麵攤時期的經驗，在有限的時間與空間中創造出穩定口味的真功夫。保留店家與顧客近距離接觸的麵攤經營魅力，持續運用在現今店內的提供方法與點單方式，成功營造出「可以天天來吃也不會膩的拉麵」口碑。創業至今，店內菜單仍然僅有拉麵與飯糰2種。

店內多有一週光顧2、3回以上的熟客，甚至有自新幹線中途下車，特地前來吃麵的老顧客也為數眾多。

湯頭

將每日準備工作，徹底單純化，致力追求口味的穩定。

「珍竜軒」理想中的拉麵是如同味噌湯一般，可以天天吃也不膩的滋味。

第一口就覺得香濃的口感，往往代表湯頭口味過重。店內期待顧客在第二口、第三口逐漸品嚐出湯頭的美味。也許一開始吃時，會覺得少了些什麼的感覺，吃完後感覺輕鬆又滿足，進而產生還想再來吃的念頭。口感不膩、不會造成身體負擔的拉麵，是店家始終堅持的理念。

僅利用腿骨與肩胛骨製作的湯頭，在濃度的穩定度控制上，必須花費超乎平常的心力。

湯頭採每日熬製。湯頭不放至隔日，煮過的骨頭第二天也不再使用。每天均以新材料熬煮，剩餘的湯頭全部丟棄。除了要求每日湯頭的一定濃度之外，也耗費心力尋求如何在營業時段中保持湯頭濃度穩定的作法。最後發現最大關鍵就在於腿骨與肩胛骨的比例及火力的調節。

首先，將腿骨與肩胛骨水煮去血水。豬骨為福岡產，腿骨已請產地做好裁切處裡。水煮至骨頭上只殘留少

叉燒肉

叉燒的材料為外側腿肉的柔軟部份與普通部份、五花肉等3種部位搭配而成。將生肉放入以濃口醬油、生薑、蒜頭、蘋果等做成的滷汁中熬煮。

外側腿肉要比五花肉先取出。注意不可讓外側腿肉滷得過硬。滷汁留下定量，其他予以倒棄，之後再添加新料繼續使用。

取出的滷肉略為靜置，使其入味均勻後，才能切片。不事先切好肉片，於營業中客人點單後，切出需要的量，再立即放入煮好的麵中。

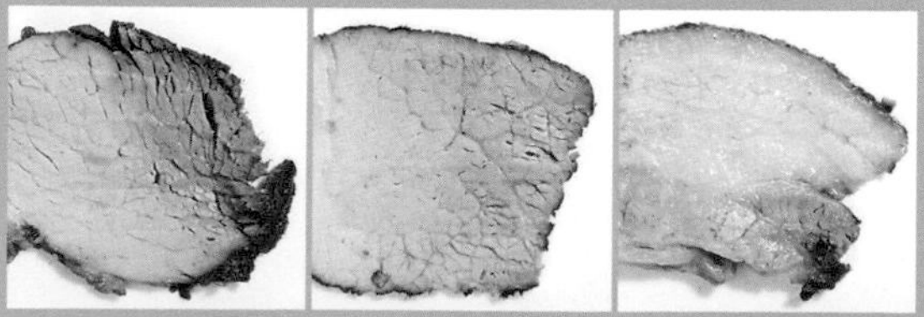

左起，外側腿肉的柔軟部位，一般的外側腿肉、五花肉等滷成的叉燒肉片。每碗拉麵均以這3種肉片組合放入4～5片左右。

許紅色部分後，即移至營業用的高湯鍋及補充用的高湯鍋。營業用高湯鍋為36cm。此時也加入肩胛骨。熬煮期間加入製作叉燒肉的豬五花及腿肉油花與筋部。

補充用的高湯鍋為60cm。熬煮時因腿骨較重，先置於下部，上面則放肩胛骨。期間再加入背脂，背脂置於濾網溶入湯內。水則全部使用活性水。

至少熬煮3～4小時，一直到所需濃度。濃度全靠眼睛及鼻子，不需使用濃度計。務必在營業開始時間前完成，為避免湯頭過濃，必須不斷確認火力，進行調整。完成後將補充用湯頭移至營業用高湯鍋內。

營業時間中設定「30分鐘法則」以維持穩定的湯頭風味。即每次補充30分鐘量的營業用湯頭。

營業用湯頭一旦加熱30分鐘以上，味道會開始出現渾濁的現象，並產生腥味，必須僅留下骨頭，以補充湯頭替換掉全部湯頭。在日間11點半～下午1點最忙的時段，1個小時約可售出60～70碗，即使如此，店內仍堅守此項原則。

有了穩定的味道，才能讓每日的作業正確有效率，這是經過多年經驗與不斷嘗試錯誤研究出的結果。

1965年代，以日本首見改裝輕型卡車進行移動式拉麵販售起家。在有限的空間及條件下，如何保持不變的美味是移動式販售的最大挑戰。將

湯頭的作法

水煮肩胛骨、切好的腿骨去血水。豬骨均選用國產品，腿骨與肩胛骨的比例一定。

待骨頭殘留少許紅色的狀態時取出。取出的腿骨與肩胛骨分別放入2個高湯鍋內熬煮。

營業用的高湯鍋（上），一開始僅熬煮肩胛骨。期間加入製作叉燒肉用的五花肉油花及腿肉筋。多次攪拌熬煮，全程使用活性水。不攪拌時蓋上鍋蓋加熱。

補充用高湯鍋內熬煮腿骨、肩胛骨，期間再加入背脂。視察濃度並隨時調整火候。

將背脂置於濾網溶至營業用湯頭。

營業前，在營業用湯頭內加入補充用湯頭調整濃度後即完成。營業期間，每30分鐘則將營業用湯頭倒掉、骨頭瀝出，加入補充用湯頭。堅守此項「30分鐘法則」，以提供營業期間穩定濃度及美味的湯頭。

創業時間累積的工夫與精神移至店舖經營，堅守傳統以來的堅持，加上因應現代環境的新觀念，歷經第2代，以至第3代都仍然努力不懈。

叉燒肉

製作外側腿肉、五花肉等3種類別叉燒肉片搭配組合。

叉燒肉以外側腿肉與五花肉製作。外腿肉的較柔軟部位也另外處理。意即外腿肉製成2種叉燒、五花肉製成1種叉燒。叉燒與湯頭一樣每日製作，不放至隔夜。

叉燒是以生肉加入醬汁滷成。腿肉滷軟需要特別注意時間控制。五花肉與腿肉一同滷，但是腿肉需要比油脂多的五花肉先取出。

叉燒用的滷汁由濃口醬油、生薑、蒜頭、蘋果製成。滷製時只留下少數油脂，其餘撈除，最後再補足一定的油脂含量。

拉麵裡基本放置腿肉、五花肉各2片。依顧客喜好，也可僅選擇腿肉，部份客人則偏愛五花肉片。

如果發現客人吃完麵後留下五花肉片，會特別留意下回光顧時事先詢問「是否都加腿肉叉燒片？」。

紅辣椒

桌上不放置菜乾，以避免添加後使湯頭變濁。特別研發出「紅辣椒」，利用粗磨辣椒、老滷汁、麻油、醋、溫泉水等混合加熱煮成。可單獨購買。

提味

原味「紅辣椒」與依客人需求添加的蒜泥和醋。

不少拉麵店的桌上都備有蒜頭。然而「珍竜軒」並無擺放，而是詢問客人後添加。因為熱湯一旦與蒜頭的搭配時間點不正確，僅會留下蒜頭的生辣味。當高湯倒入碗內，到最後排上配菜，端至客人面前，大約會有10℃溫差。此時再加入蒜頭，只能吃到蒜的生辣味，而無法品嚐到蒜頭的美味。因此，在得知顧客希望添加蒜頭時，會與醬汁同時加入碗內，與滾燙高湯融合成滑順口感的湯頭後再提供給客人。如果客人想再追加增添蒜頭提味時，則店內會提供油炸蒜頭，置於桌上以供添加。

同樣的思考模式下，店內桌上也不放置醋，仍然在顧客點單時詢問「要不要放醋？」，熱湯加醋的時間點不正確，會使醋產生嗆鼻酸味。創業時期，甚至連胡椒也是在詢問客人後才加入。

因此，店內人員會盡可能牢記需要添加蒜頭、醋的客人，下次會問「是不是要加蒜頭？」成為常客後就直接確認「是不是老樣子？」。

麵攤經營時期，創業者品川長人會長擅長判斷來客對於麵體軟硬的喜好。麵攤中，製作者與顧客間的極近距離，是營業型態的特色，具有能與顧客立即交流的優點，因此至今店內仍努力承襲這項方式。

「紅辣椒」是「珍竜軒」的特色配料。是專為搭配拉麵湯頭所研發自製的辣味調味料。以粗磨辣椒與老滷汁、麻油、醋、溫泉水混合熬煮而成。可溶於麵湯內、或是置於湯匙再加麵食用等多種方式。甚至將其塗抹於飯糰上也是廣受好評的另類吃法。

現今國內師承「珍竜軒」的弟子均活躍於業界。創始者品川長人會長至今仍不時親自指導弟子們。橫跨半世紀為拉麵業界的發展貢獻無比心力。

麵體

提供各分店專用麵所訂製的中粗直麵。為低含水具Q勁的麵體。1人份130g。不提供加麵服務。大碗為260g。可向店家要求麵的軟硬，店家也會記下顧客的喜好。

埼玉・伊奈町

博多長浜 らーめん楓神

- 地址／埼玉縣北足立郡伊奈町榮1-93
- 電話／048-723-3578
- 營業時間／週一～週六 11時～13時45分（L.O）、18時～23時45分（L.O）、周日・假日11時～14時45分（L.O）、18時～23時45分（L.O）
- 公休日／週二

僅用豬頭骨、腿骨創造出的極致美味

● 豚骨拉麵　650日圓

店內客人加麵2次，追加3次是常有的情況。甚至有女性顧客加麵9次的紀錄。有些常客會另外點白飯加入剩餘的湯做成泡飯。多數來客則吃得一乾二淨不會留下任何湯汁。

僅以豬頭骨與腿骨熬煮的湯頭不加蔬菜。醬汁也不添加蔬菜、海帶、柴魚等。志在追求豚骨高湯與熟成醬汁的完美比例。店內以「空中飛舞的麵」遠近馳名。

前日的湯頭＋豬頭骨・腿骨＋豬腳・背脂＋水

2002年7月開幕，選擇位在多家拉麵店聚集的縣道沿線。開店以來，始終秉持研究精神，致力於開發創作豬頭骨與腿骨單味熬煮的獨創技術。

「豚骨拉麵」與「鹽味豚骨」是店內2款經典菜單，其中又以「豚骨拉麵」佔絕大比例。此外，同一款「豚骨拉麵」在店內可提供多樣吃法是最大特色。有多次加麵的客人、或最後單點白飯做成泡飯的客人、以及加點提味小菜中的辣肉燥，加上高湯作為沾麵醬汁食用的客人等。將這些吃法組合搭配，也成為來店顧客的獨特享受。支持充滿自我風格的「楓神」熱情粉絲與日俱增，熟客人數也直線上升。

豬骨的前置處理

豬頭、腿骨先燙過洗淨血水，此時容易損傷，所以須先用冷風吹至完全乾後再開始熬煮。

湯頭

致力研究「高湯豚骨」的製作，並追求不斷提升的進化。

自2002年開幕以來，店主關根悟史先生對「豚骨」的堅持始終不變。

湯頭裡的醬汁不添加蔬菜、柴魚、海帶等，僅以豬骨熬出單一風味，追求純粹的濃厚口感。儘管具有豬骨獨特的肉腥味，卻有吸引人「想吃」的魅力，進而在顧客腦海中深植下「還想再吃」的湯頭印象。

雖然材料只選用豬骨，但是在熟成度與濃度的完美比例下，經常讓顧客在入口時產生「是不是也加了魚？」的瞬間反應。湯頭添加雞骨或蔬菜的確能使湯頭變得柔和順口，如何利用單味的豬骨創造出同樣順口口感，濃度比例的掌握就是件極為困難的挑戰。

在不間斷地改良進化中，現今使用的湯頭相較於開幕時期，在豬骨原材料不變的情況下，使用部位的比例，以及製作方式均有大幅度改變。

現在的方法源自2年前。因自身興趣熱愛煙燻食品的關根先生，平日就會自製牛肉乾、燻鮭魚、燻雞等。將原理應用於肉片的處理，意外地出現令人滿意的結果。也促使關根先生逐步改變原有配方，而產生現今的作法與湯頭口感提升的結果。

首先，將材料醃於與海水濃度近似的食鹽水中。之後以清水洗淨，並且瀝乾水份。夏季必要時，可在開有冷氣的涼爽室內將湯骨攤平晾乾。晾乾後的材料再放置室外，從早晨晾至日出，利用自然光乾燥。可蓋上網子或玻璃以防止小狗接近，待至完全乾燥。再將材料切成固定條狀進行燻製，至此為材料的前置處理作業。以此加工後的材料可熬出具濃郁口感卻又不油膩的絕佳口感湯頭。

以3個高湯鍋熬煮，視熟成情況隨時調整濃度比例。

一開始的高湯鍋（1號）加入豬頭骨與腿骨熬煮。期間多數壓碎骨頭持續加熱8小時後過濾。接著將湯頭移至下一個高湯鍋（2號）。殘留骨髓的腿骨留在1號鍋，並且保留些許湯汁。細骨粉會使湯頭燒焦而生苦味，因此務必撈除。之後加入新豬頭骨及腿骨，補足水量開始加熱。由於店內特別重視豬骨的美味，因此請進貨商儘可能先將腿骨上附著的肉削除乾淨。

在2號高湯鍋內加入豬頭骨、腿

湯頭的作法

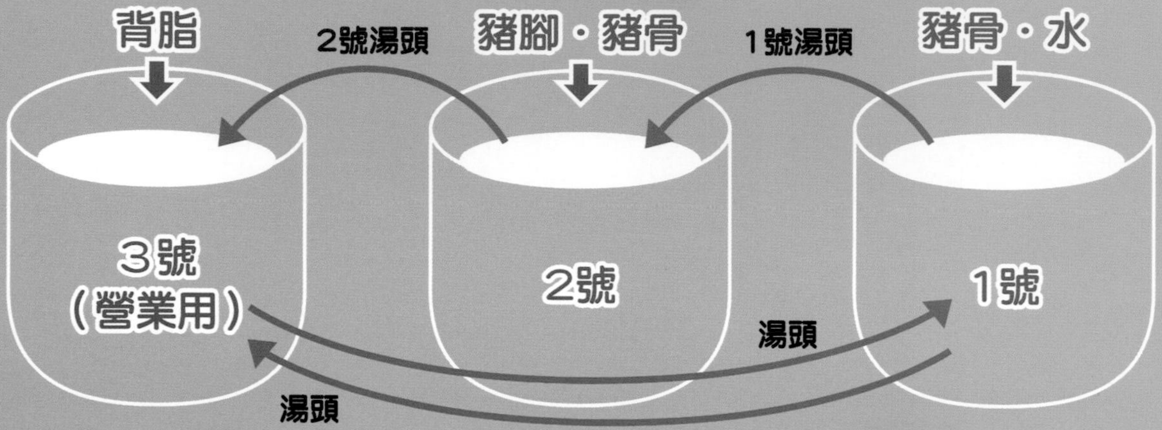

營業用的湯頭另添加冰鎮背脂。減少後從2號補充。觀察2號的狀態，以3號湯調整要加入2號鍋的1號湯。

2號鍋與1號鍋同樣，上午與晚上各濾1次，關火2次讓溫度下降。濾好的湯頭作為營業用的3號鍋補充用。隨時留意2號的熟成度與濃度的均衡。

上午與夜間共2次過濾熬煮腿骨與豬頭骨的高湯鍋（1號）。濾好的湯頭移至2號湯鍋。

骨、豬腳加熱。熬煮8個小時後過濾。過濾後的湯頭移至營業用的高湯鍋內（3號）。骨粉的清除動作如1號鍋。

2號高湯鍋內也逐漸熟成中。過度熟成會造成腐壞，而必須提高醬汁的鹽分濃度。

為控制熟成度及增加濃度，必須調整1號湯與加入1號湯內的3號湯。熟成度與濃度比例的掌握，是最費神耗時的困難作業。

營業期間，會在3號湯鍋內加入背脂後使用。為避免背脂的肉腥味，會事先燙後冷卻再予以添加。營業用的湯頭（3號）減少後，由2號湯補充。因此2號湯的熟成情況與濃度比例調整必須隨時注意。

在日間營業後至夜間營業之前，以及夜間營業結束，每日2回關閉1號與2號、3號湯鍋的火。此時必須加蓋。一旦湯頭溫度降低，熟成味會產生，並且濃度也會提高。

觀察取出的骨頭及殘留骨頭的份量，作為添加腿骨與豬頭骨比例調整的依據。

入口充滿豬骨香，隨之在口中散發出濃郁口感的深奧湯頭，就是關根先生所追求的極致豚骨湯。能將豬骨的美味徹底釋放，營造充滿深度的味道，全仰賴腿骨與豬頭骨2者部位間天衣無縫的組合，所產生熟成度與濃度的黃金比例所致。

如果加入肩胛骨即無法呈現如此融合順滑的美味，因此不考慮使用。店內不添加雞骨也是相同的道理。

留下含有骨髓的骨頭，其他與骨粉均丟棄，再加入豬頭骨與腿骨繼續熬煮。

日間營業結束，與夜間營業後各1回，蓋上鍋蓋熄火。藉由溫度下降以促進熟成。

提味配料

**開發多種
可自創吃法、
搭配法的提味配料。**

免費提供的提味配料，長備於桌上的有紅生薑、芝麻粉、蒜泥、辣菜乾等。

此外，單點配菜中最受歡迎的為「辣肉燥」（150日圓）及「辣魚鬆」（200日圓）。

「辣肉燥」是將豬絞肉以醬油調味上色，並添加甜辣椒泥。拌勻融至湯內非常美味，或者用湯匙將湯舀至「辣肉燥」的碗內，作為沾醬，以沾醬麵的方式食用也可以。

將肉燥與特製醬汁淋在飯上的「肉燥飯」（300日圓）也是極受歡迎的副食菜單。對於選擇將湯頭做成泡飯的客人，店內所提供的肉燥便不淋上醬汁。

「辣魚鬆」則是利用柴魚、鯖魚以小魚乾高湯燉煮，再將魚肉搗碎製成。灑上魚粉、紅辣椒泥及蔥花後提供。「辣魚鬆」同樣可加入湯內，或是以沾醬麵的方式搭配食用。

豚骨魚貝拉麵採用雙醬湯頭，為避免豚骨湯頭風味被蓋過，因此採用添加「辣魚鬆」的作法。

此外，點「辣魚鬆」的客人，可另外加點「咖哩飯（小）」（100日圓）。以白飯、肉絲上灑咖哩粉、蔥花組成提供。肉絲、蔥花與「辣魚鬆」一同拌入湯內。湯匙取飯略浸入湯內食用。

提味小菜

辣魚鬆。與「辣肉燥」同樣吃法，作為濃厚豚骨魚貝沾醬麵來品嚐。

辣肉燥。多數客人會加入湯頭，作為沾麵食用。為配合顧客，特別提供較深容器以便使用。

僅限點「辣魚鬆」的客人才能點的「咖哩飯」。以白飯與灑上咖哩粉的肉絲成組提供。倒入湯內，以湯咖哩的方式食用。

麵體

**加麵時的視覺享受，
極負盛名的
「空中飛麵」！**

「豚骨拉麵」的麵體採用低含水的極細麵。訂自九州老店的製麵廠。「鹽味豚骨」則使用蛋麵的中粗麵。

極細麵普遍水煮時間為20秒、嚼勁麵為10秒、硬麵則為5秒。

廚房內由關根先生一人負責拉麵製作。客人點加麵時，過去每次關根先生都必須走至座位加麵，而使麵體變軟，影響口感。情急之下，想出將煮好的麵自撈網拋出，再由外場人員以盤子接住的方法。至今，店內人員熟練的接麵技術，已成為店內有名的「空中飛麵」。

一位客人加麵2、3次是常見的景象。客單價高達1000日圓左右也是拜此之賜。

麵體

必須正確判斷麵拋出時的距離，經常可見連續拋出的景象。追加的麵裡拌有蔥花及少許肉片裡的油花。

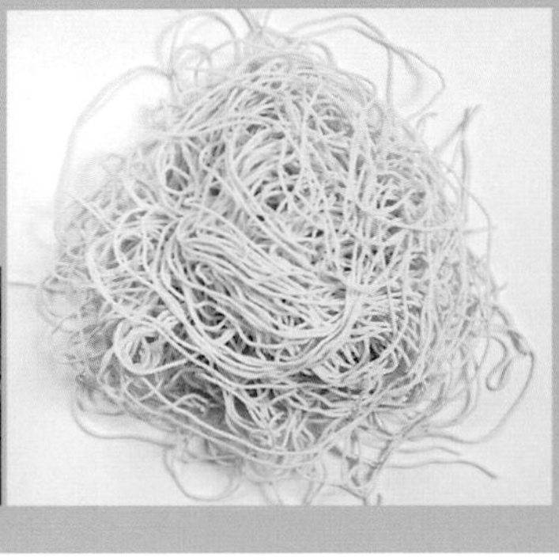

熊本・田井島

たまご麵や いっぷくラーメン

- 地址／熊本縣熊本市田迎町田井島221-1
- 電話／096-378-7934
- 營業時間／11時～16時、18時～21時30分最後點單〔週六、週日、假日〕11時～21時30分最後點單
- 公休日／不定休
- http://www.ippuku-ramen.net/

散發熊本拉麵的正統魅力 濃厚湯頭中的power-up

● **拉麵　550日圓**

以豬頭骨為主體，濃郁且具獨特風味的湯頭裡浮著芳香四溢的蒜油，極致發揮熊本拉麵美味精神的作品。叉燒肉片可選擇如照片中的五花肉或是肩里肌肉。以前添加木耳，現今則改為更能表現自家獨特口味的筍絲，成功提昇原創性。麵體為添加雞蛋，極為順口有彈性的自製麵體。麵1份120g，大碗為180g＋100日圓，特大碗240g＋150日圓。搭配醬油醬汁的「豚醬麵」也深受歡迎。

熱水＋豬頭骨‧腿骨＋前次的備用湯頭

店主一美俊克先生於1984年接手經營自姐姐夫婦的拉麵店。25年前即以自製麵提供拉麵、沾醬麵等麵食類，及炒飯等多種品項，深受在地男女老幼居民的喜愛，長期活躍於業界。

目標為創作出「熊本拉麵真了不起！」的超級湯頭。在傳統溫和順口的熊本拉麵中增添濃郁骨香，是現階段追求的口味方向。「就像詩有古典與新作之分，在保存熊本拉麵固有的精神下，努力追求新的境界與挑戰」，一美先生如此說著。由兒子‧俊輔先生提供開發充滿高創作性的限定麵種，在熊本另開設了少見的鹽味拉麵專賣店「マルイチ食堂」，成為業界趨勢發源店而備受矚目。

湯頭

在熊本拉麵最大特徵的溫和口感豬頭骨高湯裡，適度添加腿骨提升濃度。

「いっぷくラーメン」湯頭的魅力首在熊本拉麵獨特的豬頭骨滑順口感。自2009年起，併用腿骨熬製，提升濃稠度，在熊本極受好評，因而持續以濃厚湯頭作為方向。材料僅使用豬頭骨與腿骨。如何開發出豬骨的極致美味，則是始終不變的經營目標。

使用2個高湯鍋，將一邊鍋內煮好的湯頭移至另一鍋的同時，以原本的材料製作4次湯，此方式是在2008年，店內因合併設置湯頭工坊，進行改建時無意間產生的轉變。相較於過去僅以單一湯鍋長時間熬煮的作法，現今的方法可增加湯頭的抽出量，在製作濃厚湯頭的效率上也更為理想。

正式熬煮湯頭前，必須先進行預煮作業，並且進行敲碎豬頭骨動作，此為萃取濃厚高湯中重要步驟。兩者均為熊本拉麵湯頭製作常見的工程。為

材料與預燙

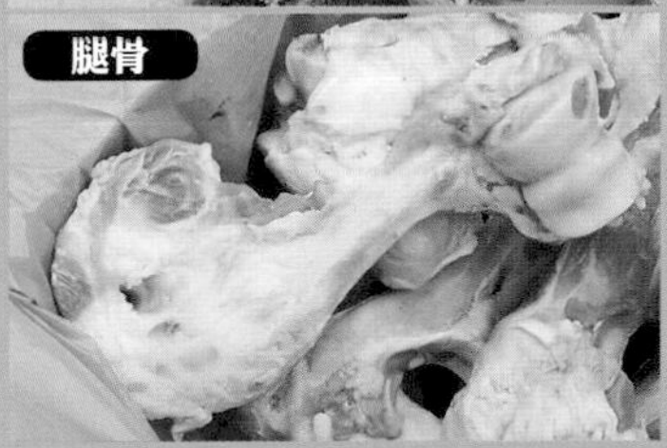

1次使用的材料合計130kg。為創業時6倍的量。比例為豬頭骨90kg、腿骨40kg。熊本拉麵的傳統湯頭大多僅使用豬頭骨，近來顧客的喜好偏向濃厚口味，為提高濃度則加入腿骨熬煮。材料選自品質優良的宮崎產地，豬頭骨指定限用幼豬、種豬、母豬以外者。因為幼豬頭顱小、而種豬、母豬骨質較疏鬆，無法製出優質湯頭。

高湯鍋內依序放入豬頭骨、腿骨，再加入熱水，蓋上鍋蓋水煮2小時。熊本拉麵的湯頭，多以預煮的方法來去澀。此外，熬煮腿骨會使鹽份增加，預煮也可預防此現象。

敲碎豬頭骨

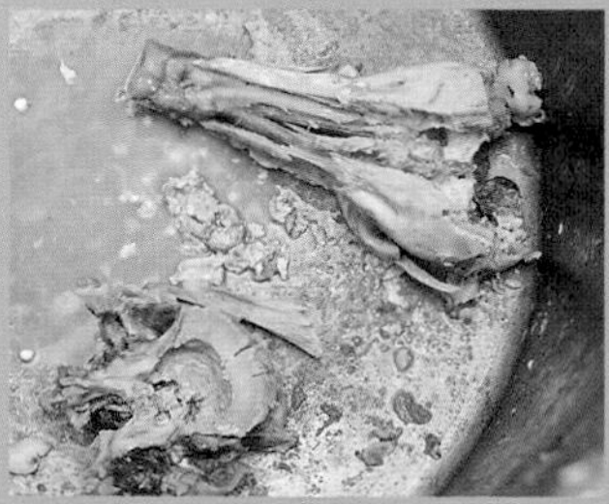

敲碎豬頭骨的位置

預煮完成後先將腿骨與豬頭骨取出，為提升豬頭骨的濃厚效果，以鐵鉤鉤住眼部，用鐵鎚敲碎。骨頭接合部位較易打碎，如照片①②以敲擊方式打碎。

湯頭

2個高湯鍋同時熬煮湯頭

2個高湯鍋A、B，同時進行作業，兩者均以原材料依1～4號煮出4次湯，高湯鍋B的湯頭則固定移至高湯鍋A中。製作至4號湯即完成濃厚湯頭。

湯頭工坊內如照片所示有2座高湯鍋。以陶藝用的3萬2000kcal強力爐火熬煮。

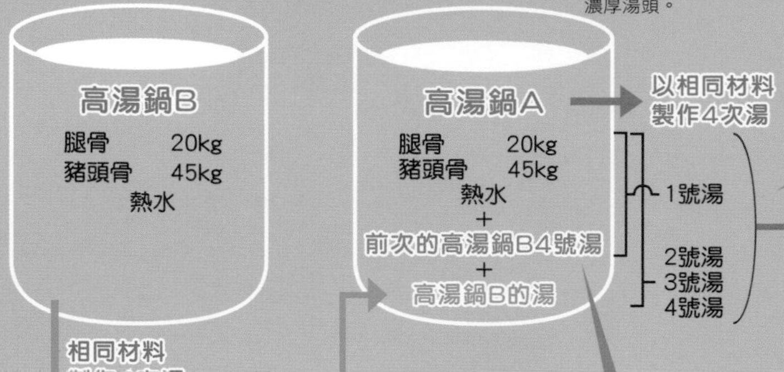

完成後的1號湯。濾出與湯鍋A相同份量後，移至湯鍋A。

取出湯鍋A的1號湯時，與前次煮好的湯鍋B的4號湯一同使用。

呈現如膚色的乳白稠狀，仍殘留些許特有的動物腥味。

完成後的1號湯濃度不高，僅能濾出9L。接著為濾出1.5倍量。

高湯鍋A的1～4號湯為照片中的營業用湯與補充備用湯，依營業實際情況隨時補足。為保持湯頭口味的一致性，盡可能一次補足備用湯。

2～4號湯頭的作法

如上記圖示，A的1號湯要濾出9L分別加入營業用湯及補充備用湯內。B的1號湯則濾出與A相同份量再移至A（照片）。A、B的熱水加足後，蓋上鍋蓋熬煮3小時即完成2號湯。相同的方式分別作至4號湯。從2號湯開始濃度會逐漸上升，因此濾出量要增加1.5倍。

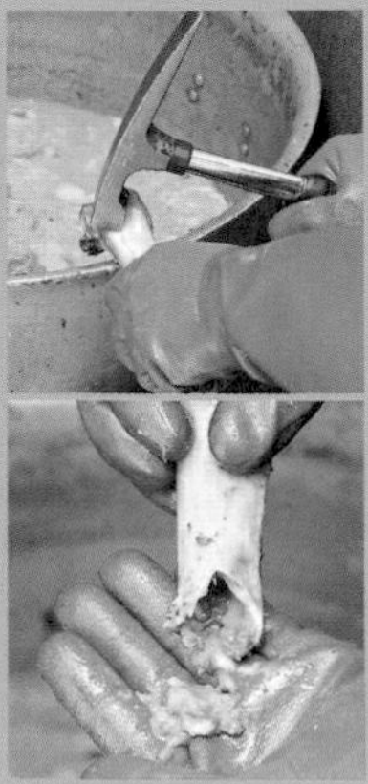

製作3號湯前將腿骨敲碎

在製作3號湯之前，將A、B兩處的腿骨兩端以鐵鎚敲破。放回鍋時稍微搖晃讓骨髓能完全釋出。

1號湯頭的作法

1 高湯鍋A

依序放入已處理好的豬頭骨、腿骨、倒入前次的B的4號湯頭，再加熱水至蓋過材料。湯頭底部沉澱的骨粉末（照片右）內含有許多美味成份，務必一同加入。

高湯鍋B

與A相同依序加入豬頭骨、腿骨，B內只加入熱水至蓋到所有材料為止。

2 高湯鍋A、B

將A、B蓋上鍋蓋，以大火熬煮3小時（照片中為A）。加熱過程，攪拌會造成燒焦，因此店內採完全不碰觸的作業方式。

3 高湯鍋A、B

只有在熬煮1號湯時，會如照片中水量減少（照片中為A）。因此必須在A、B內加熱水，再煮2小時。隨後即完成1號湯。

使頭骨易於打碎，必須預煮約2小時。由於熬煮腿骨會使高湯內鹽份增加，因此預煮也具有防止鹽分過度提升的效果。豬頭骨的擊碎要訣在於敲打骨頭的接合部位。店內以使用鐵鎚為主。

製作湯頭的2個高湯鍋內分別放入豬頭骨45kg與腿骨20kg相同份量的材料，在同一時間進行相同作業程序。一鍋製作營業用湯頭（之後成為湯鍋A），另一鍋則在湯鍋A熬煮同時，用於製作湯底（之後稱為湯鍋B）。湯鍋A除了添加熱水外，還要不時加入湯鍋B的湯底，藉由2鍋的差異調配出湯頭的濃度變化。

以湯鍋A作為營業用湯頭的理由在於雖然兩口爐火均為3萬2千kcal強度，但是湯鍋A的火力就是比較強大。為使湯頭乳化，並促使腿骨內骨髓質的釋出，強大的火力是必備條件。

骨頭材料不換，每鍋都須熬煮1～4號湯等4次湯頭。煮好的湯不用全部取出，留下部份在鍋內，讓4號湯更加濃郁。熬煮超過4次以後會開始出現骨臭味，因此第4次就要將湯全部濾出，並將骨頭丟棄。

各湯底基本上的作業時間為3小時。只有1號湯在3小時的熬煮後，須加1次水再煮2小時。因為一開始煮時水量會急速減少。一美先生推測是因為「腿骨大量吸收水分」所致。如果腿骨降低為半量，熬煮時不會有任何問題，一旦份量增加，水分即減少，甚至熬不出湯汁。

完成後的湯鍋A湯頭，將取出的部份過濾，加入營業用湯及備用湯內（營業湯補充用）。湯鍋B的湯頭，則濾出與湯鍋A相同份量，並移至湯鍋A。1號湯濃度尚未變高，留下9L左右的水量，其餘的14L則加以濾出。之後在湯鍋A、B內加水，進行下一次的煮湯作業。在取出腿骨已變得易碎的3號湯之前，先以鐵鎚敲擊，以利骨髓釋出。

所屬各店包括預煮等所有製作過程均採不攪拌、不碰觸的方式。主要原因在於過程中觸碰會使湯頭燒焦。任意改變增加材料份量也會產生燒焦的情況。

營業用湯鍋A湯頭最理想的狀況是能夠均勻混合1～4號湯，然而由於缺少可妥善保存湯頭不使劣化的環境，只能儘可能藉由一回的備湯添加作業，努力維持味道的一致性。

香油味・醬汁・麵體

使用大量新鮮雞蛋，絕佳彈性與嚼勁，香滑順口的自家製麵。

店內最具代表性的菜單「拉麵」中，除了豚骨湯頭之外，也提供鹽味、蒜油、麻油等調味料系口味。

如同豚骨湯頭中強調乳白色的濃郁感為近年的重要趨勢一般，據說過去店內的蒜油並不像今日如此黑的色澤，由於最近普遍認同蒜油＝黑色，導致店內增加黑色度以強調其存在感。與蓋飯搭配組合的套餐，也大大提升視覺上的魅力。其作法的重點在溫度的改變。超過230度C會使苦味大量產生，以180～200度C的溫度慢慢油炸，乾燥蒜頭是最能製出理想風味的方式。

「鹽份的增減可以成就湯頭，也能毀滅湯頭」。一美先生一語道破鹽份拿捏的重要性。店內的鹽味醬汁，即是經過無數次濃度測試下完成的心血結晶。

店名以「たまご麵や」為招牌，使用新鮮雞蛋製成的麵體自然是店內的魅力所在。藉由雞蛋的添加，使粉感降低，滑順口感提升食用時的享受。選用新鮮產地直送的雞蛋，以確保製麵的理想品質。麵粉則採九州產與進口高筋麵粉並用。麵體的運用，拉麵為中粗麵、沾醬麵為粗麵、土雞湯頭的鹽味拉麵則使用高含水的中粗麵等3種類別。

蒜油

將乾蒜頭切片放入180～200度的豬油內慢慢油炸，炸好的蒜片切細後再放回油內。

鹽味醬汁

在經過無數次嘗試錯誤後完成的理想比例鹽味醬汁。選用沖繩生產富含礦物質的海鹽。

自家製麵

雞蛋的添加使得麵條更加滑順，充滿豐厚飽滿的魅力口感。以拉麵用22號切刀切出的中粗麵，含水率30%。

叉燒肉片

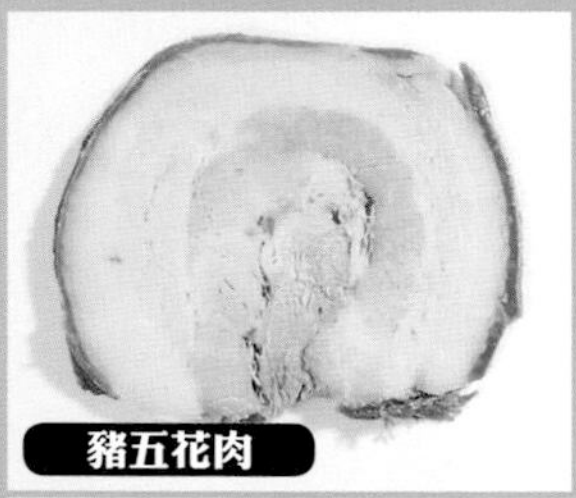

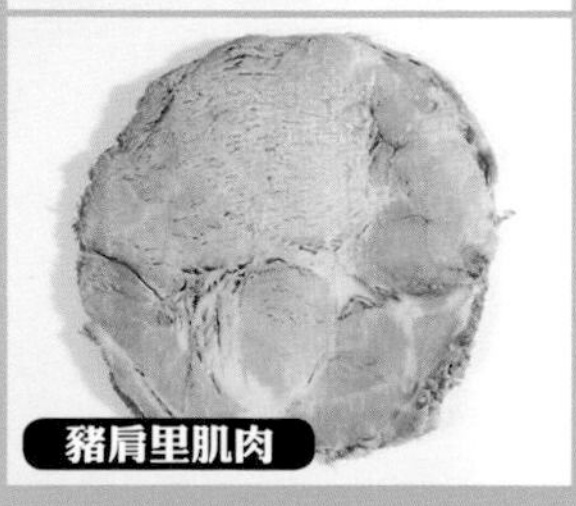

可選擇帶皮的豬五花，或是肩里肌肉。經水燙煮後再以醬油為基底的滷汁滷10分鐘。完全無肉腥味，刻意低調處理不搶鋒頭的溫和口味。

滋賀・草津

麵屋風火　草津元店

- 地址／滋賀縣草津市野村4-2-3 Garn stage 1F
- 電話／077-561-7748
- 營業時間／11時30分～23時（週日為11時30分～22時 最後點單為打烊前15分鐘）
- 公休日／週一（假日隔天休）

以腿骨與背脂精燉出的豚骨湯 超濃厚湯頭擄獲年輕客層的心

● **超濃豚骨　700日圓**

加入腿骨與背脂精心熬煮而成的豚骨湯頭，以超厚實口感著稱的「超濃豚骨」。搭配肉片與滷肉塊，以及大量蔬菜，視覺上也充滿美味享受。「超濃豚骨」的醬汁為醬油口味。麵體為中粗捲麵或直麵，顧客可自行選擇。照片中為中粗捲麵。

營業用豚骨湯＋補充用豚骨湯＋腿骨＋背脂

「麵屋風火」為店主圓山聰先生於2005年7月開設的豚骨拉麵店。滋賀地區向來有拉麵＝什錦麵的飲食概念，儘管不是滋賀傳統拉麵的做法，店內在豚骨拉麵上投入大量心血，追求獨創特色，將基本的「豚骨」湯頭提升濃度成為「超濃豚骨」，致力開發成為招牌菜單。也獲得「在其他地方吃不到的美味」的絕佳讚譽。除了縣內居民，更有多數外縣市慕名而來的顧客，以20～40歲的客層為主，週末假日更聚集300人以上來客的熱鬧景象。

現今除滋賀．草津地區的草津元店之外，大津市也設直營店。栗東市及東都市山科區則有加盟分店。

湯頭

豚骨湯內，添加腿骨與背脂熬煮，以「超濃厚」為製作目標。

「麵屋風火」目前製有2種類別的豚骨湯。一種為基本品項「豚骨」及「鹽味豚骨」使用的湯頭，為所有客層都能接受，完全無腥味的濃稠白湯。

另一種則鎖定重口味客群的超濃豚骨湯，2年前以限時供應品項而開發出的「超濃豚骨」專用豚骨湯。沒有骨粉溶於湯內的粉質口感，香濃滑順，濃縮了豬頭骨的完整精華與美味。

不亞於超濃湯頭的特色，醬汁與配菜上「超濃豚骨」與「豚骨」的變化

「豚骨」的營業用湯與補充用湯

補充用豚骨湯

相較於營業用豚骨湯，色澤較淡，是上午第一批湯頭。以昨天留下的湯頭不加水，只加入腿骨熬煮而成，作為濃湯的湯底。

營業用湯的水位一旦減少，即加入補充用湯調整。

營業用豚骨湯

腿骨已事前做好處理，因此湯頭無腥味，色澤純淨濃郁。

熬煮期間，將肉片脫落的腿骨移至補充用，再加入相同份量、已燙好的新腿骨。鍋內隨時保持12～15根腿骨的狀態。

也極有看頭。

除了外觀上的明顯差異外，整體口味上濃度的變化，對於喜好重口味的客層而言，絕對具有感動的魅力。

結果是慕名「超濃豚骨」而來的顧客日益增加，現今雖然仍屬於限量品項，但是儼然已成為店內的招牌商品。

「超濃豚骨」湯頭的材料為腿骨與背脂。加入「豚骨湯」的營業用湯頭內持續熬煮4個小時才能完成。於每日早上與中午過後2次進行作業。期間的水位減少時，則添加「豚骨」的營業用湯頭。全程不加水，以豚骨湯內加入豚骨材料熬出更加濃郁湯頭的作法。

製作重點在於技巧攪拌極易燒焦的湯頭。原因不在於背脂的添加與否，而是湯頭濃度高的因素。由於腿骨已做好去澀及除雜質的事前作業，因此熬煮時並不會產生太多問題，無須撈除。

加入湯內熬煮的背脂，會直接倒進「超濃豚骨」碗內，使濃郁度加分。

如前述，醬油醬汁隨「豚骨」濃度而有所不同，在搭配的用心程度，絕不亞於對湯頭的講究。

在蒜頭提味方面，「豚骨」僅用蒜泥，「超濃豚骨」則使用香味更強烈的蒜片，以凸顯超濃厚湯頭的厚實口感。

在此，則以「豚骨」用的營業湯頭作法來說明。

每日營業結束後，將營業用釜鍋內剩餘的湯頭以及含有骨髓的腿骨移至還有剩餘湯頭的補充用湯的釜鍋內。此時，先將營業用湯的釜鍋洗淨。

第二天早上，將燙好的腿骨放入補充用湯的釜鍋內，以強火加熱。大約沸騰1個小時後，沾黏在腿骨上的肉片會變得容易溶進湯頭內，因此要從補充用釜鍋內將骨頭及湯頭移至營業用湯的釜鍋及「超濃豚骨」用的高湯鍋內。

此時，在補充用湯的釜鍋內留下少許湯，加水熬煮作為補充用湯。

熬煮營業用湯時，腿骨上的肉片則需2個小時左右才會脫落。為使腿骨的精華完全釋出，肉片脫落後的腿骨，則移至補充用湯的釜鍋內。

營業用湯內所減少的腿骨份量，再以新腿骨補足。此外，水位降低的部份，則加入補充用湯。觀察湯頭實際情況，隨時進行此項作業。

總計約3小時30分鐘可完成熬煮作業。如果順利地使用前日的湯頭，不加水僅以補充用湯製作，以及在營業用湯加入生腿骨熬煮，則可以在較短的時間內，製出白濁的濃郁豚骨湯。

腿骨是左右湯頭濃度的最重要因

超濃豚骨湯

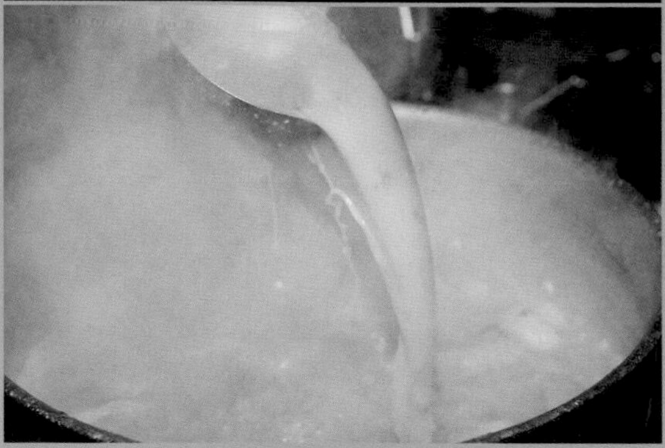

腿骨與背脂在「豚骨」營業用湯內，如照片所示保持表面滾開程度的火力，熬煮約3小時。受限於場地空間，「超濃豚骨湯」僅能以高湯鍋製作。

不時攪動高湯鍋內湯頭。由於濃度高，若不隨時攪拌則極易燒焦。並非因為加入背脂而變得易焦。

材料

為防止腿骨的骨粉釋出，採用不敲碎直接使用的作法。因此務必事先做好預燙的作業，才能成功製作無骨腥味的湯頭。

素。

應選擇黏有肉片的優質品，為避免骨粉釋出，不用敲碎直接使用。此外，事前妥善的預燙清潔作業，則有助於熬煮出濃稠無豬骨臭腥味的湯頭。

配菜

不讓濃厚湯頭專美於前，「超濃豚骨」內用心製作的配菜。

「超濃豚骨」除了名稱所示的濃郁湯頭外，店家在醬油醬汁及提味材料上也下了許多工夫。

配菜也有別於基本菜單「豚骨」，在食材選擇及口味製作上均以重口味客層為主要訴求。

「豚骨」基本以豬肩里肌肉與豬五花肉製成的叉燒肉片、筍乾、以及蔥花為主，「超濃豚骨」則為豬肩里肌肉片、滷肉塊、燙高麗菜、豆芽菜等，蔬菜上再灑上大量黑胡椒，搭配出濃郁豐富的多層次口感。

特別是「滷肉塊」，入口即化的多脂口感，以及濃郁入味香氣，不愧是最佳人氣配料。將上等豬五花切塊，用醬油為基底的醬汁慢滷製作。搭配食用時，豬肉的油脂及醬汁的香味溶入湯內，更提升湯頭的濃郁度。各款拉麵搭配滷肉塊的「滷肉麵」系列也深受大眾喜愛。

叉燒肉片選用含有優質油花分佈的豬肩里肌肉，先燙熟後再加入滷汁中熬煮入味。軟嫩口感為其最大魅力。

高麗菜及豆芽菜都在點單後才燙熟，並以粗磨黑胡椒調味。爽脆口感與濃郁湯頭的組合更添魅力。

叉燒肉片

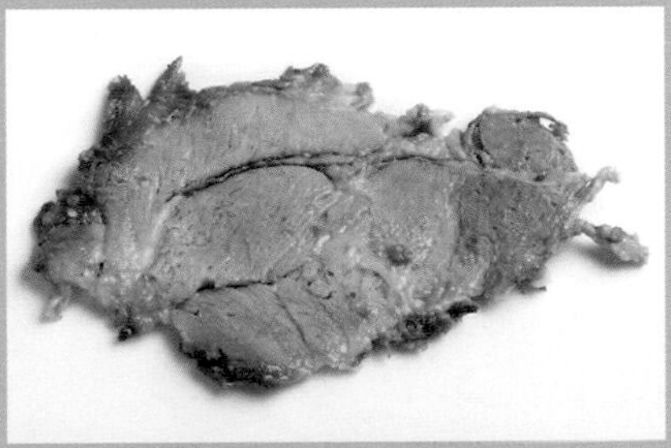

「豚骨」、「超濃豚骨」共用的叉燒肉片，以豬肩里肌肉燙熟，加入滷汁內熬燉而成。

滷肉塊

「超濃豚骨」的基本配菜之一。可單點與其他拉麵搭配食用。

麵體

可在完全不同的2種麵體中自行選擇搭配。

「超濃豚骨」、「豚骨」、鹽味的「鹽豚骨」中的麵體，可依顧客喜好選擇中粗捲麵，或是直細麵。從下方照片可明顯看出，2者為完全不同的麵體，因此隨著不同的麵體搭配，所呈現出的整體口感也完全不同。

當顧客問及「請推薦搭配的方式？」時，「超濃豚骨」湯頭具濃稠度，以中粗的捲麵較為合適，但是偏好直麵滑順口感的客人也不在少數。

蔬菜

燙過的豆芽菜與高麗菜置於麵上。撒上黑胡椒增添口感。

麵體

中粗捲麵。具Q軟嚼勁，可與湯頭完全融合，水煮時間為1分20秒。

香滑順口為特色的直細麵。水煮時間為35秒，一球140g。

福岡・前原

ラーメン処
西谷家 前原店

- 地址／福岡縣前原市波多江驛北4-5-11
- 電話／092-322-3236
- 營業時間／週一～週六 11時～23時、週日・假日 11時～21時（湯頭售完即終了）
- 全年無休
- http://www.saitani.jp/ameblo.jp/

以腿骨與豬頭骨 耗費4日完成的工夫湯頭

● 拉麵　550日圓

連當地人都稱讚「夠濃！」的豚骨拉麵。經精密計算，拉麵一碗需使用豬骨1.2～1.3kg來熬湯。腿骨與豬頭骨經15小時熬煮，耗費4日才能完成的珍貴湯頭內，另添加背脂及豬油。濃郁同時感受背脂美味的超順口風味。

水＋腿骨・豬頭骨＋背脂

2006年開業於福岡市西區野方，2008年於車程10分鐘左右的前原市開設分店。連當地居民都說「從來沒看過這麼濃的湯頭」而讚不絕口，普通拉麵的湯頭便極為濃厚，遠道而來的客人更不在少數。1年半前，前原店因應顧客要求，在「招牌拉麵」外，另研發出清爽口味的「拉麵白」。是另用高湯鍋獨立製作而成。現今在本店也同樣提供販售。

深受歡迎的濃厚湯頭，是店家以豬骨精煉而成的自豪濃度。只用一只高湯鍋，以不斷添加水及骨頭來提高濃度，花費4天時間才能完成。不使用豬腳、雞腳，以腿骨為主，僅另加豬骨頭、背脂製作。

麵體

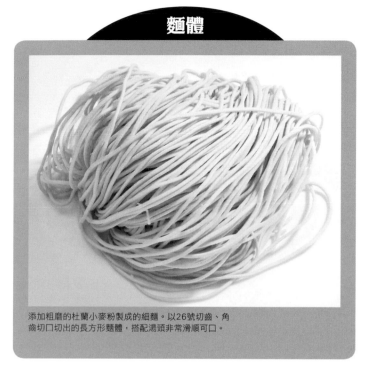

添加粗磨的杜蘭小麥粉製成的細麵。以26號切齒、角齒切口切出的長方形麵體，搭配湯頭非常滑順可口。

湯頭

每日作業15小時，耗費3日時間熬煮出的湯頭，過濾後冷藏一晚第4日才能使用。

「拉麵」湯頭以60㎝的高湯鍋製作。2只60㎝高湯鍋交互運用進行作業。這2只高湯鍋內的湯頭不混合，分別花3日完成作業程序。僅以豬骨製作濃湯頭，是店長富田一憲先生所追求的理想目標。

豬骨最初的處理作業為放血。使用的豬骨只有腿骨與豬頭骨，比例為3比1。

不解凍，直接放入熱水中，水溫至36度C為血水最容易釋出的溫度。放置2小時左右待其完全放血再進行燙煮。之後才能進行熬煮作業。

將處理好的腿骨與豬頭骨放入高湯鍋內。腿骨不敲碎直接使用。加上水與背脂後以強火熬煮。除了豬骨以外不另外加豬腳、蒜頭、蔥等其他材料。

沸騰後約1小時，開始撈除浮渣。第一天，持續以強火加熱，至夜間營業結束後，即熄火靜置至第二天早上。

第二天，將下降的水位以水補足，加入新的處理過的骨頭，開火以強火加熱。

第二天開始，以鏟子攪拌弄碎骨頭。豬頭骨部份則以鐵鎚敲碎。隨時攪弄以防止燒焦，並以湯杓撈起碎骨。

持續熬煮至夜間營業結束，熄火靜置至隔天早上。

第一天與第二天共2次作業，關火後使溫度降低的作業目的在於使湯頭熟成。

第三天則進行湯頭的完成作業。第三天早上再度開火，火力需較第1天及第2天弱。骨頭軟化後，細骨大量增加，為避免燒焦，不加蓋直接熬煮。

加入背脂後，更要隨時注意以免燒焦。特別是鍋底部份，必須以湯杓觸及底部仔細攪拌，才能預防燒焦。

以計時器計時，每20分鐘攪拌一次，約1小時後接著間隔10分鐘攪拌一次，愈接近完成階段，間隔愈短。

此時以湯杓撈起湯頭流下觀察，濃度、透光度是否已到達完成的狀態。

開始製作至完成階段，必須花費3日，總熬煮時間15小時。骨頭使用總量極多，以拉麵一碗計算，大約需要1.2～1.3kg的骨頭。

接著進行過濾作業。湯頭過濾後並不立即使用，必須置於冷藏一夜。冷藏一夜後會使表面油脂變厚變硬。將其倒入鍋內加熱融化，營業中以單柄

湯頭的作法

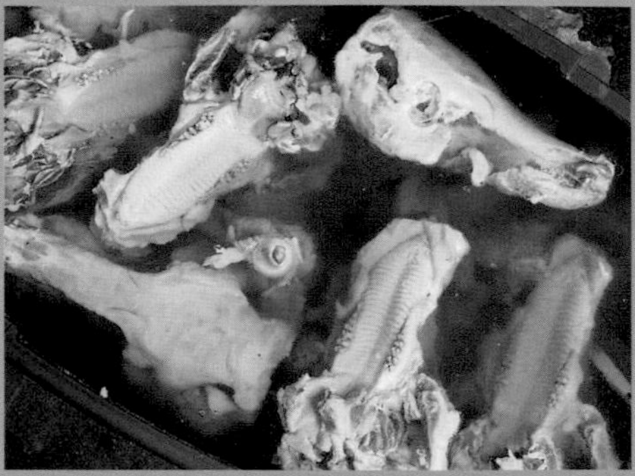

將冷凍豬頭骨與腿骨放入熱水中，水溫降至36度c左右，血水便容易釋出。經過2個小時的去血水作業後，再進行預煮，完成後才能熬煮。

熬煮1日後，夜晚時熄火靜置至隔天早上。第2天經攪拌敲碎骨頭後繼續熬煮，到了夜晚同樣熄火靜置。除了第1天、第2天攪拌時段外，都要蓋上鍋蓋加熱。

第2天，加入骨頭與清水，與第1天同樣以強火加熱。敲碎骨頭，並撈除細小碎骨。

第3天，打開鍋蓋並觀察濃度，是否接近完成階段。將火調至比第2天弱的程度，檢查濃度、透光度是否達到標準。

過濾後的湯頭於冷藏室內靜置一晚後再使用。冷藏能使味道深度提升。使用前將凝固的湯頭回溫，營業時則以單柄鍋煮沸後使用。

鍋使其沸騰後再倒入麵碗。

相較於湯頭濾過後立即使用，冷藏一夜放至隔日再加熱使用，湯頭的美味會更加深厚香醇。

直接過濾使用，在看似濃厚湯頭裡似乎缺少一股成熟的味道。也無法呈現店內獨特的口味及精神。

在前原店開幕之前，店長富田先生製作湯頭的作業部份增加，因此必須將熬湯工程單純化，在不喪失原有風味的前提下，研發出目前的製作方式。

麵碗裡倒入多量湯頭，加入麵時務必讓麵像在湯內游泳般，是店內隨時注意的細節。

湯底醬汁採用當地產的淡口醬油與濃口醬油，搭配香味蔬菜熬製而成。不加入滷肉的湯汁，也不另添加魚貝類高湯。

目前也可透過店家網站購買冷藏保存的袋裝湯頭。購入的並非濃縮湯，而是加熱後即可直接使用的原比例湯頭。

可以享受如同在店內食用的美味，不論是從福岡調職的老顧客，或是外地的訂單均已日益增加。

麵體

添加粗磨杜蘭小麥粉所製成質細具彈性口感的方體麵。

麵體的使用上，本店與前原店採用不同型態。本店的濃厚「拉麵」銷售量較大。距離車程約10分鐘的前原店，則以較為清爽的「拉麵白」為主。「拉麵白」適合細麵，因此前原店採用較本店細的麵體。

切面齒為26號。以角齒切出切口為長方形麵體，與湯頭可完全融合是細麵的特徵。

香油

碗內加入湯底醬汁、再加上香油，最後倒入湯頭。香油是以背脂與豬油搭配製成。

麵體雖細，卻有極佳嚼勁，為突顯獨特的口感，特別添加粗磨杜蘭小麥粉製作。

1人份110g，水煮時間一般為40秒。希望硬麵的訂單則水煮15秒。

湯頭份量足，加麵後幾乎又是一碗完整的拉麵，因此追加麵也是店內人氣項目之一。

在本店桌上常備的蒜頭（整顆放置，一旁備有研磨器）減少速度快，反之前原店的來客則以上班族午間用餐居多，蒜頭的用量明顯少了許多。

配菜

叉燒肉片以腿肉製成，香油則添加背脂，不加筍乾凸顯單一美味。

叉燒肉片僅選用腿肉部位製作。店家認為五花肉、肩里肌、油花部位均無法呈現理想搭配。

腿肉的風味濃，適合與濃厚湯頭作搭配組合。此外，為使客人能享受腿肉的美味，在滷製上特別強調保留其Q嫩口感。肉質選擇上，堅持使用國產新鮮腿肉而不採用冷凍肉品。

腿肉不是用熬煮濃厚湯頭的高湯鍋熬煮，而是以「拉麵白」的湯鍋進行滷製。以熬煮「拉麵白」湯頭時尚未敲碎骨頭前的一號湯與二號湯混合後，將腿肉放入熬煮。濃厚湯頭的湯鍋內，在碎骨後為避免燒焦，必須不斷攪拌，若加入腿肉一同熬煮，在攪拌的過程中，必然會使肉塊支離破碎。

Q嫩口感的腿肉片上會再淋上專用的醬油滷汁。這個滷汁與拉麵的湯底醬汁不同。

配菜除了肉片外，僅有蔥花。過去曾經放有筍乾，現今則取消。富田先生不喜歡在拉麵上放置過多配菜，連桌上的調味料也僅有胡椒與蒜頭。

開幕初期，在顧客不斷要求「有沒有紅薑？」、「有沒有菜乾？」以及「請給我芝麻」的情況下，店家一度也與其他拉麵店一樣放上各式配料。

叉燒肉片與蔥花外，只剩香油添加。碗內先加入湯底醬汁與香油，之後再倒入湯頭。香油以背脂及豬油製成。添加香油是為凸顯背脂的甘美。

豚骨湯頭雖然濃郁，因為背脂的效果，使得口感濃而不膩，並且增加了後味的強度。

店內也備有鹽漬菜乾，以醬油與辣椒作為主要調味。店家希望客人不添加食用，然而近來偏好在博多風味拉麵裡加入菜乾的顧客為數不少。

2008年前原店開幕時，「拉麵」為500日圓。當初被視為「過高」的定價，至今則成為深受當地居民喜愛的日常美味。此處是長期以來，不只年輕客層，連年長者及孩童都非常熱愛拉麵的地區，因此當地甚多30年、40年以上的拉麵老店。在激烈的競爭中，憑藉功夫及不斷創新的菜單，讓「西谷家」本店及前原店穩定增加各自的熟客群，以努力不懈的態度，贏得肯定與好評。

叉燒肉片

叉燒肉只選用國產新鮮腿肉。為呈現肉質美味，以醬油滷汁滷出香嫩Q彈的口感。

埼玉・大宮

つけめん102 大宮店

- 地址／埼玉縣埼玉市大宮區櫻木町2-446
- 電話／048-653-4444
- 營業時間／11時～15時30分、17時～23時　全年無休

與力道強大的粗麵完美結合 成功開發濃厚的豚骨魚貝湯頭

● 滷蛋沾醬麵 850日圓

為避免配料的筍乾與滷蛋降低沾醬汁溫度，因而置於保溫器內保溫。

濃郁沾醬與麵體的完美組合，可充分體驗豚骨魚貝湯頭的重口味享受。沾醬另撒上七味唐辛子，更增添口感的刺激。碗內包括湯汁200ml、醬油湯底14ml、香味油14ml、柴魚粉1小匙、柚皮。在濃郁醬汁內添加柚皮，具有途中改變香味的效果，讓顧客至最後一口都不會感覺膩。控制叉燒肉片與筍乾的調味，使其不影響湯頭的原味。麵一球200g，大份300g、特大400～500g（可依喜好指定份量）。大份的點單居多，特大份＋100日圓。

湯頭的材料

水＋腿骨＋雞骨・雞腳＋豬腳・背脂・豬五花肉＋魚高湯＋香味蔬菜＋海帶與乾香菇高湯＋鯖節＋酒

日間為濃郁的「豚骨＋魚貝」，夜晚則轉變成清爽的「雞＋魚貝」，日夜不同的湯頭與麵，讓顧客體驗不同美味樂趣的沾醬麵名店「102」。是首創岩燒保溫沾醬，在2005年開幕時，就帶動沾醬麵進化而大受好評的超人氣店「つけめんTETSU」的系列店。2008年10月大宮店、隨後川口店的開設，也都同樣成功吸引高度人氣。

「102」裡的濃厚豚骨魚貝湯頭，與「つけめんTETSU本店」是相同的。可完全包覆麵體的濃度、動物系與魚貝系的完美比例，是開業後不斷改良所完成的心血結晶。店主小宮一哲先生追求的不是用調味料或油脂做出的單純濃湯頭，而是在於製作能使顧客品嚐到湯頭深奧美味的沾醬麵。沾醬麵整體的風味，完全取決於湯頭的活用。

湯頭

盡量以高水量熬煮＆熬煮濃縮手法，成就凝結精華美味的濃厚湯頭。

「102」日間營業時提供的沾醬麵用豚骨魚貝湯頭，與東京・千駄木的「つけめんTETSU本店」是相同的。因為搭配的配料不同，因此在沾醬的味道上也有微妙的差異。

湯頭的製作上，由於是以沾醬麵湯頭為主體，因此以能包覆濃郁湯汁的粗麵為設定目標。

除了依賴油脂來達成濃度之外，店主小宮先生的目標為製作能品嚐到來自骨頭美味的濃厚湯頭，此外「如同鹽分達飽和狀態一般，溶出定量的水份必然能提升美味度」則是小宮先生的製作概念。

因此，運用多種材料進行製作，並以高水量熬煮，使用3只高湯鍋並行處理。

湯頭的作法

營業用湯頭是由3個高湯鍋內取出的3種湯頭混合而成。首先將從早上熬煮10小時的「豚骨高湯」內逐次加入同樣熬煮10個小時的「豬腳＋雞腳高湯」，持續加熱6～8小時。此時再加入前一天煮好的「魚高湯」，並添加酒及鯖節後再熬煮1個小時才算完成。營業時間內以種火維持80度C熱度，點單後再以小鍋加熱提供使用。

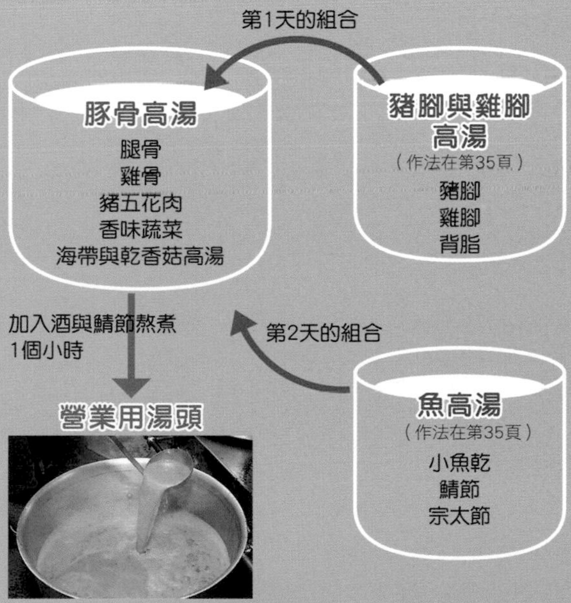

製作豚骨湯頭

1 將敲碎的腿骨加入沸騰的熱水中，再滾約15分鐘去渣。途中可加以攪拌加速殘渣浮出。

2 將1以水洗乾淨，去除附著殘渣。加入叉燒用豬五花肉與長蔥綠色部分及生薑，煮出的高湯以強火熬煮。

3 3個半小時後，加入已燙過的帶雞頭整副雞骨。預燙作法為在滾水內放入雞骨沸騰約3分鐘後取出。

4 接著放入長蔥綠色部位，加水煮7個小時。雞骨長時間沉在鍋底容易燒焦，必須煮一陣子後稍微轉動一下。

首先第一只高湯鍋以腿骨為主體，搭配雞骨、香味蔬菜。

目的在於熬出動物系風味的「豚骨高湯」。第二只高湯鍋則在於製作高湯內濃稠度的「雞腳與豬腳高湯」，材料為豬腳、雞腳、背脂。第三只高湯鍋是負責呈現魚貝系鮮味的「魚高湯」，材料為小魚乾、鯖節、宗太節。

起初先將「豚骨高湯」與「豬腳與雞腳高湯」混合，再加入「魚高湯」加熱後，完成營業用湯頭。

豚骨高湯必須選用優質腿骨，熬煮約10個小時。將燙好的腿骨以叉燒用豬五花肉的煮湯進行熬煮，煮好前7個小時加入雞骨及香味蔬菜。腿骨與雞骨的比例為2：1。

雞骨若熬煮7個小時以上即會因為油脂氧化而產生腥臭味，因此加入時間點也必須特別留意。

小宮先生表示，單以前述用大量水熬煮湯頭的方式並無法達成預期的濃度。

要提升濃度，必須在燉煮的過程中，加水後再繼續熬煮，在美味濃縮的過程中，濃度即會逐漸上升。更具體的步驟請參考34頁，在撈除骨頭的豚骨高湯內，加入同時進行處理程序的豬腳與雞腳高湯，依目標濃度大約需熬煮6~8小時。

利用燉煮濃縮的手法必須妥善配合魚高湯的運用，冒然加入魚高湯會使

湯頭的作法

5 7個小時後，以濃度計測量濃度，到達Brix8～9%即可取出骨頭。取出前將腿骨在鍋邊敲一敲可使殘留的骨髓釋出。

6 將差不多與豚骨高湯同一時間熬煮10個小時的「豬腳與雞腳高湯」骨頭撈起，移至豚骨高湯的湯鍋內。

7 接著將置於冰箱內1日已瀝水完成的昆布與香菇等材料加入。

8 加入切半的洋蔥、蒜片與生薑。此階段4分鐘要攪拌一次。

添加豬腳與雞腳高湯以提升濃度

9 蒸發的部份以「豬腳與雞腳高湯」補充，到既定的水位後至目標濃度約要煮6～8小時。

第二天上午，混入魚高湯

10 第二天上午，將9的高湯鍋開火，注意不要燒焦緩緩攪動直至沸騰。此階段的湯頭約80L。

11 沸騰後檢查味道，並以濃度計確認濃度（Brix14%），加入滾過的「魚高湯」約20L。魚高湯需先一天完成製作。

12 加入酒。再度檢查味道並測量濃度（Brix 12.5%）。如果有達成步驟9中預定的味道及濃度，步驟11．12幾乎不會有問題。

13 最後加入稱為「追味鯖魚」的提味鯖節。開種火，15分鐘攪拌1次，加熱約1小時。

14 以濾器過篩。用力擠壓出骨頭內殘留的湯汁。立即以冷水降溫，並置入冷凍保存。

好不容易熬出的豚骨高湯濃度變淡。此時，要先將熬好的70L魚高湯再加熱4小時濃縮成20L後才能混合。豚骨高湯與魚高湯的分量為4比1。魚的鮮味已完全濃縮，因此只需要加入少量即可有魚貝鮮美的效果。

豚骨魚貝湯頭中，動物系與魚貝的比例是非常重要的關鍵，如何在濃郁的豚骨湯頭中呈現魚貝的風味是困難的挑戰，小宮先生說道。

店內是以小魚乾為主體，搭配較無腥味的鯖節及血水多、纖維粗、但是易出風味的宗太節，小魚乾選擇油脂含量高者，節類（將魚身以烘乾方式製成的水產加工品總稱）則指定刨削成比一般更厚的厚度。選擇這些強力魚貝材料所製成的高湯，即是產生不輸動物系美味的秘訣。

製作魚高湯時，要特別注意溫度過高會使其產生苦味。此外，熬煮魚高湯的過程中，香味也會隨之消散，因此在魚高湯與豚骨高湯混合後，還需加入鯖節追加熬煮1個小時的補香作業。

自2008年開始自製麵之後，即致力於研發符合自家湯頭的麵體。目標在於開發出如讚岐烏龍麵般含水量高、順口潤喉，又充滿麥香的麵體。要品嚐小麥的美味，選擇優質麵粉是重點之一。

店內特別選用烏龍麵用粉與麵包用粉混合而成的特製麵粉。

自家製麵

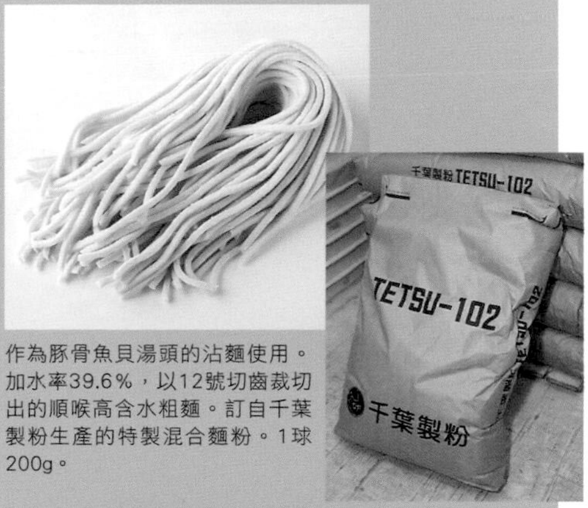

作為豚骨魚貝湯頭的沾麵使用。加水率39.6%，以12號切齒裁切出的順喉高含水粗麵。訂自千葉製粉生產的特製混合麵粉。1球200g。

柴魚粉

可強烈表現魚貝印象的柴魚粉，為避免沾醬汁變濁，指定使用極細產品。

香味油

將魚乾、鯖節、宗太節等的魚貝香味濃縮在白絞油中製成的香味油。

魚高湯

1 在滾水內加入魚乾、厚片鯖節與宗太節。以魚乾為主體，與鯖節、宗太節的比例為2：1。

2 維持如照片所示調整火力至不沸騰的狀態煮約1小時30分鐘。溫度過高會產生苦味。

3 取出材料，70L煮至20L大約需要4個小時。照片上為熬煮前，照片下為即將完成前的狀態。

豬腳與雞腳高湯

1 將雞腳劃刀與處理好的豬腳泡水一晚去除血水。第二天早上，加入熱水以強火熬煮。

2 撈除浮渣，沸騰後加入背脂。背脂為湯頭內濃度與甜味的主要原料。

3 煮至可加入豚骨高湯，撈起骨頭的程度大約需要10個小時強火持續熬煮。照片中為可以移入豚骨湯頭內高湯的狀態。

東京・新高円寺

豚骨ラーメン じゃぐら

- 地址／東京都杉並區高円寺南2-21-7
- 電話／03-3313-1253
- 營業時間／11時30分～15時、17時30分～湯頭售完為止（週六、周日、假日11時30分～湯頭售完為止）。
- 公休日／週二（遇假日則照常營業，隔日週三休）。

濃醇美味、無腥臭
追求次世代豚骨的無限可能性

● 滷蛋拉麵　800日圓

以濃醇的高濃度湯頭為特徵。無豚骨獨特腥味，完美呈現極致美味。以表面光滑具Q彈口感的粗麵作為搭配組合。顧客可從店家自製香味油中黑麻油代表的「黑」、魚貝油的「褐」、以及蔥辣油的「紅」中任選一項做搭配。一種拉麵可變化出三種不同風味享受，是成功獲得大量加點續碗的最大功臣。照片中為添加「黑」之後更具濃稠口感及強烈印象的作品。

豬頭骨・腿骨＋水＋叉燒用的豬前腿肉

身為烏龍麵職人的店主，在偶然的機會下，因為吃了超濃口感的豚骨拉麵而深受震撼。進而研究拉麵製作，並於２００９年８月開設了自己的店。「豚骨拉麵的腥味正是美味的象徵」，此為多數傳統老店所堅持的想法，然而店主松本隆宏顛覆傳統的理念，認為「未來的時代能增加『無腥臭』豚骨拉麵做為選項，不是件更好的事嗎？」保留美味、排除腥臭的豚骨湯頭，果然大受女性顧客的支持。濃濃的湯頭搭配自製香味油，組合成獨一無二的味覺享受，從迥然不同的３種油料中選擇一項作為搭配，更凸顯出高自主性的豐富變化。

使用大量食材，經過長時間的精煉熬煮，每天僅能製作約80碗的份量，湯頭售完即結束營業的緊湊步調從來不曾改變。

備用湯頭

備用的3只高湯鍋。照片右起「腿骨高湯」、「豬頭骨高湯」、「清湯」。一整天的持續熬煮過程中，要不時攪拌以免燒焦。

營業用湯

將豬頭骨高湯與腿骨高湯混合熬煮時，再加入生腿骨以提升濃度，熬成的濃稠湯頭即為營業用湯。

湯頭

大量豬頭骨與腿骨熬煮，極度濃縮的濃稠湯頭，滑順獨特的骨感為特徵之一。

香醇濃稠的湯頭幾乎已成「じゃぐら」的代名詞。運用大量食材、敲碎骨質慢火精燉而成高黏度骨感湯頭。材料為50kg以上腿骨與近20kg豬頭骨2種。

材料雖單純，利用多量的骨頭完成的湯頭卻具獨特美味。

松本先生的目標在於製作「具濃度、黏度，且無腥臭味」的全新豚骨湯頭。黏度雖高，由於沒有添加背脂或豬油等油脂類，所以不會產生腥臭味。

另一個腥臭味的來源為豬頭骨，在經過仔細清除血水及雜質後，即可去除其獨特的臭味。

熬煮作業需要使用不同尺寸的３只高湯鍋，及２只小鍋。高湯鍋分別裝有２種高湯及清湯，小鍋則是用來混合後製。藉由各鍋高湯的調整，可提升營業用湯頭的穩定度。

最大尺寸高湯鍋製作的是味道核心的「腿骨高湯」。在前一天多煮的腿骨高湯內加入40kg的腿骨與３個豬頭骨，熬出後述的清湯。營業中也要不時攪動，一面壓碎骨頭，持續加熱一整天。

藉由人力與時間的投入，才能使骨髓內的所有菁華成分完全釋出。

第２個高湯鍋則為提供濃稠度的「豬頭骨高湯」。

在前日多煮的豬頭骨高湯中加入豬頭骨15kg、腿骨10kg以及清湯，並用強火加熱。叉燒用的豬前腿肉燉煮２～３小時後，會使湯頭增添肉的香味。

藉由在腿骨高湯加入少量豬頭骨、豬頭骨高湯加入腿骨的混合作業中，可產生「讓口味更加和緩溫順」的效果。

湯頭的作法

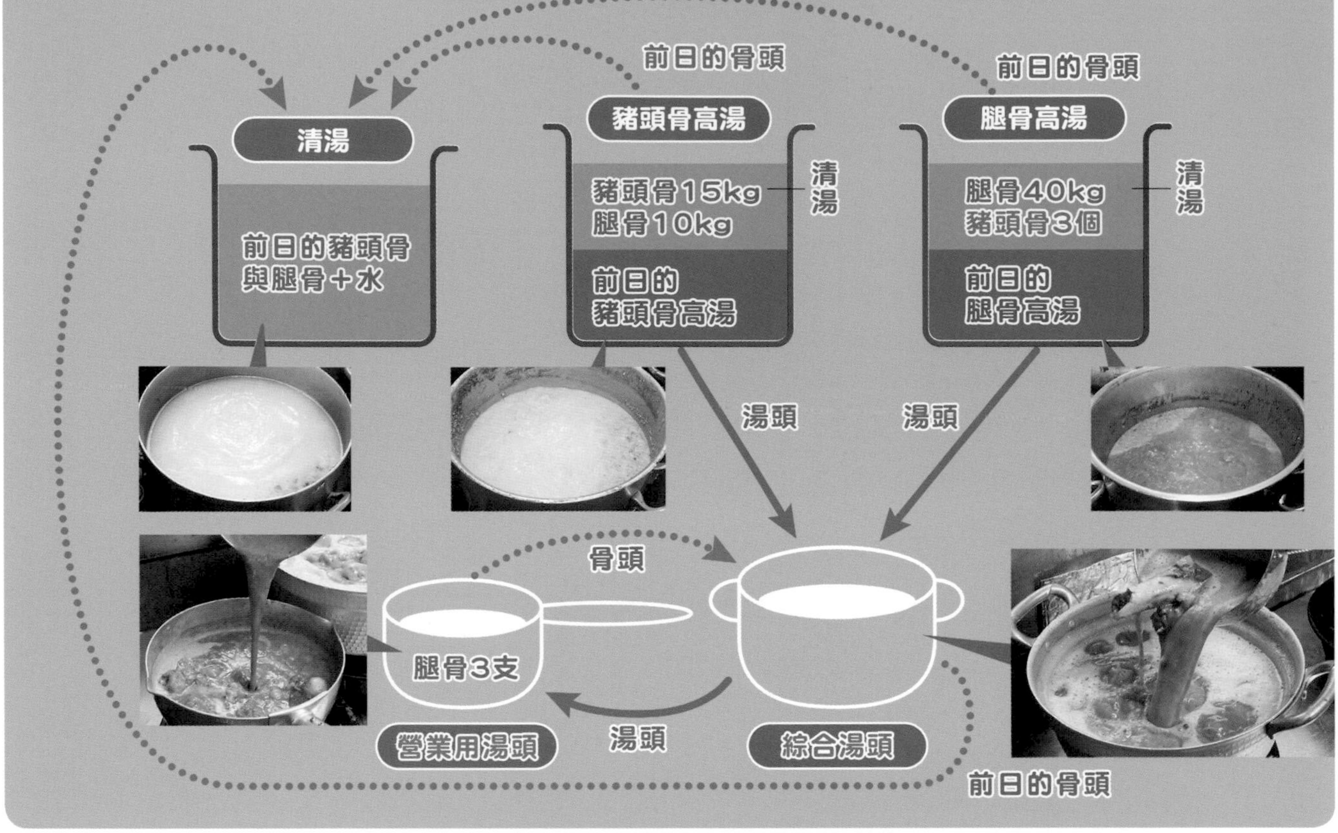

以小鍋混合腿骨高湯與豬頭骨高湯的「綜合湯頭」，是營業用湯頭的主要湯底，加熱後即可控制濃度的變化。

一旦綜合湯頭呈現某種濃度後，須立即移至最小鍋中，成為「營業用湯頭」。

接著再進行加入生腿骨的「追煮豚骨」作業，血水與骨髓所產生『泡狀』中的美味，會融入湯頭內。加入鍋內的腿骨共3支，為避免產生苦味，必須隔開時間，1支1支加入。加入1支新腿骨時，就要將熬煮最久的骨頭取出，逐次放入裝有綜合湯頭的小鍋裡。以弱火加熱，直至舀起時呈現稠狀感。

豬頭骨高湯與腿骨高湯在營業終了後過濾，取出骨頭。取出的骨頭則與營業用湯和綜合湯使用後的腿骨，一同作為第二天製作第一道湯的材料。這些骨頭以水熬煮出的湯汁即為「清湯」。

前述的各類湯頭，均使用此「清湯」來調整濃度及水位。以強火持續加熱一整天，一旦濃度上升即加水補充。

到了最後階段，只要控制火候即可掌握濃度，因此各店均可維持穩定的濃度。

麵體

湯汁不易附著的滑溜麵體與高黏度湯頭是最佳組合。

以三河屋製麵廠的粗麵，用於拉麵與沾醬麵。Q彈口感及適度嚼勁可充分品嚐小麥香味。表面光滑的麵體，一般而言較不易附著湯汁，對於黏度高的「じゃぐら」湯頭而言，卻是最佳組合。可完全吸附的濃稠湯汁，形成理想搭配。

美味的另一項秘密在於國產小麥。使用單一種類麵粉製成的麵具有獨特的芳香，因此長久以來始終堅持使用100％國產小麥製麵。

麵體

拉麵一球為160g。沾醬麵小為240g，中為300g重不另加價，大為400g加收100日圓。

香味油

可自由選擇添加黑麻油，魚貝油或蔥辣油等3種自製香味油，是擄獲人心的一大功臣。

店內搭配湯頭的調味香油有黑麻油、魚貝油、蔥辣油等3種。依照視覺顏色分別為「黑」、「褐」、「紅」，可依顧客喜好自由選擇。

拉麵中最受歡迎的應屬具強烈魄力的「黑」系列。以蒜味為核心，藉由3種不同程度焦度融合成帶苦味的深奧味覺。沾醬麵的人氣首選則為「褐」系列。

以不破壞多種節類及魚乾熬出的魚貝高湯清香前提下，不添加麻油，而選擇太白麻油※作為搭配。不同於一般麻油的香味，取而代之的是多了芝麻特有的美味。辛辣口味中的人氣商品則為韓國辣椒製成的辣油。

以蔥及蒜為基底，呈現出多層次的辛辣口感。此外，針對簡訊會員特別提供雞油的「黃」系列，「限定色」成為活動最大賣點。獨特豐富的香味油，可稱是顧客回籠的誘因之一。

「從顧客單點時對香味油的描述，就可立即了解是否為回籠客。」松本先生說著。聽到對方說「上次是點黑的，這次想吃褐色」，就可毫無疑問的大聲回答「承蒙您長時間的照顧……」。

藉由香味油也可增加與客人間的對話主題。

※編註：不經焙炒、直接將芝麻拿來榨成的麻油。

香味油

黑麻油

以分3階段炒成不同焦度的蒜頭與麻油調製而成。可使湯頭增加苦味及不同香味，可呈現更具魄力強度的味覺享受。

魚貝油

以柴魚為主等數種節類與魚乾，搭配太白芝麻油調製成深具香醇的香味油。使湯頭完美化身成魚貝豚骨口味。

蔥辣油

以蔥、蒜頭等香味野菜的香味，搭配韓國辣椒製成的香味油。兼具辛辣與清香口感，具有讓人一吃就上癮的好評價。

配菜

重口味的濃厚湯頭為主角，配菜的調味謹守「極簡」信條。

為凸顯濃厚湯頭魄力的最大極限，配菜的製作採極簡化的調味。

叉燒肉片的使用部位選用較具嚼感的豬前腿肉。置於豬頭骨高湯內煮2～3小時後取出，趁熱浸漬叉燒醬汁，入味後即完成。醬汁僅用醬油與味霖調製，刻意簡化味道。可充分享受肉的口感，卻有以筷子即可剝開的軟嫩度。

滷蛋濃稠蛋黃的口感也讓人印象深刻而大受歡迎。

先煮至7分熟，再以淡味醬油浸漬一晚而成。淡褐色的蛋散發高雅香味。購入的雞蛋均隔日使用。加100日圓即可單點追加。

● 滷蛋沾醬麵　900

與拉麵同樣以濃厚美味為訴求的超濃沾醬。以醋的香味、三溫糖的甜味，以及韓國辣椒與黑胡椒的辣味，融合成與拉麵完全不同的口味。人氣搭配為與具有淡雅魚貝香味的「魚貝油」組合。濃稠豚骨湯頭轉變成爽口豚骨魚貝。麵量為240g，中碗300g價格不變。徹底甩乾的麵可使小麥風味增加，並提升Q彈口感。

大阪・上新庄

博多とんこつ　天神旗

■ 地址／大阪府大阪市東淀川區上新庄3-19-87
■ 電話／06-6324-0104
■ 營業時間／11時～14時30分（L.O）、18時～22時（L.O）
■ 公休日／週二

強火・弱火接續熬煮 不斷追求的豚骨美味

● 老醬油豚骨 650日圓

「老」湯意指以原湯頭不斷添加熬煮的製作方式。覆蓋喉部的濃厚口感為其特徵。同時也散發刺激鼻腔濃郁香氣的豚骨湯頭。在「天神旗」店內，包含鹽味系列，約有7成以上來客點豚骨湯頭。

右為「新」、左為「老」湯。以手鍋強火加熱煮出香味後再倒入麵碗。湯頭倒回釜鍋內會再做調整。

● 若醬油豚骨　650日圓

「若」湯雖然清爽，卻仍保有豚骨湯頭必須具有的紮實口感。僅以豬頭骨分別熬出一次湯、二次湯、三次湯後依比例混合出多層次風味。另有鹽味系列。麵體則使用博多的28號切齒裁切出的低含水細麵。

前日的湯頭＋豬頭骨、背骨＋背脂＋水

總是維持20、30人以上排隊人群的超人氣店。開店初期，也曾經歷口味不穩定的批評，在不斷研究努力下，成功開發出「若」與「老」2種類別的湯頭。利用豬頭骨以不同的熬煮方式，製作出口味、香味、口感均不同的豚骨湯頭。「若」湯是利用豬頭骨的一次湯、二次湯、三次湯組合調配而成。清爽的口感中可品嚐到豚骨的濃郁與美味的雙重享受。「老」湯是將原湯頭不斷添加熬煮的作法，濃稠的口感，與豚骨湯的強烈氣味為主要特徵。「若」與「老」從初期的分別製作，演化至今成連貫作業。此外，由於研發自製麵而發現藉由強火（精煉）與弱火（休息）及再煮（伸展）的交替製作靈感，成功地提升美味度及促進口感的進化，來客數也呈現大幅成長。

叉燒肉片

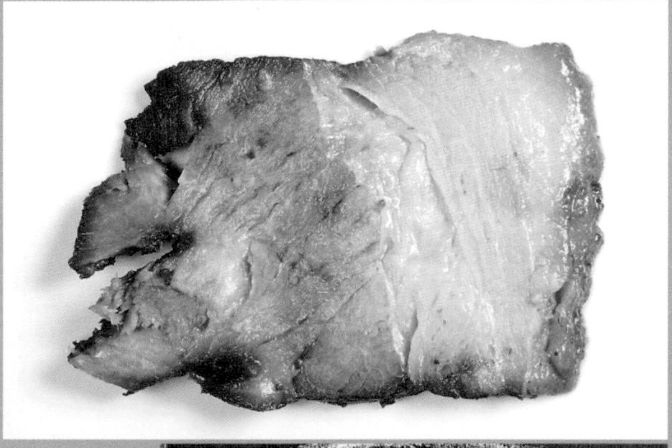

將五花肉在以醬油、味霖、三溫糖、蔥、生薑調成的醬汁內燉煮。由於是直接以生五花肉滷製，為避免入味不均，必須經常翻動肉的方向。原本使用Q彈豬肉，後來發現與湯頭不合，而改用US豬肉。

湯頭

以一次湯、二次湯、三次湯組合出多層口感的「若」湯與內含發酵風味的「老」湯2大種類

現今排隊人潮不曾間斷的店，很難想像開店初期曾經面臨因為地點不佳，每天僅數人光臨的苦戰。然而，拜此之賜，店家能有充裕的時間觀察熬煮過程中豚骨湯頭的變化，進而研究改進。

隨著肉片、血水等蛋白質味道、骨髓味道、骨頭味道的變化而產生改變的豚骨湯頭，在熬煮時間的控制下，可呈現出「若」與「老」的不同特色。「若」湯清爽中帶有豚骨原有質感。「老」湯則為濃厚的豚骨湯頭以不斷添加熬煮來呈現深厚口感。

這2種湯頭在初期是分別製作，經多方嘗試研究後，現今已將兩者的製程連結。具體來說，「老」湯的追加用湯頭不足時，便是以「若」湯作為補充。

「老」湯的說明容易，只要在菜單標明「濃稠」即可，然而對於店家而言，「濃稠」並非真正目標。藉由一次湯、二次湯、三次湯的完美比例，搭配發酵味所融合呈現出的獨特風味，才是「老」湯的真正精神所在。

在「若」與「老」湯製程成功連結後，過去由於來客人數變化而使「老」湯湯頭容易產生過濃或過淡的不穩定問題，得以順利解決。

此外，材料的豬骨用量上，也從過去的每日150kg降低為100kg。2007年，自製麵開發成功，在研究生麵、發麵、醒麵的過程中發現，將相同原理運用於湯頭製作上，藉由揉（強火）、醒（弱火）、推（再煮）的組合搭配來發揮麵糰的最佳筋質。同理也能使湯頭的風味更加提升。

「若」湯的材料僅使用豬頭骨。為使其更富豚骨湯頭美味，在1年半前才改為全豬頭骨。豬頭骨必須先燙煮，再以大量清水沖去血塊及雜質。血塊與雜質為產生腥臭的主要因素。

在45cm的2只鋁高湯鍋內分別放入14個豬頭骨，加入熱水進行熬煮。此即為一次湯。開強火，爐口中央火關閉，僅開外側火。

這次為了讓鍋中產生對流。在經過多次試驗後，確定45cm高湯鍋一次可熬煮14個豬頭骨量。與其使用1個大鍋熬煮，不如分成2鍋較易掌握細節。

為提升熱能效率，高湯鍋底部的外

側不清洗，接觸火源部份因油煙已成焦黑。店家表示如此的熱效率是最為理想的狀況。鍛造的爐口火力較為柔和，不易分散。

一次湯大約熬煮至浮現骨頭的程度，大約需花費4個小時。之後以鐵撬徹底擊碎骨頭。再加入熱水繼續熬煮。碎骨容易燒焦，約15分鐘要攪拌一次。只要稍微燒焦，焦味即無法去除，因此要特別留意。

進行作業約1個半小時之後過濾，即完成一次湯。接著在過濾完的骨頭內加入熱水，開始製作二次湯。二次湯也是用2只45cm高湯鍋製作。開始熬煮時，2鍋各放入1kg背脂。加熱約3個半小時之後，完成二次湯，二次湯則不需過濾。

二次湯完成後，倒入一次湯內。以此狀態靜置一晚。由於高溫骨頭仍在高湯鍋內，骨頭具有保溫作用，可使溫度緩慢下降。至第二天早上再進行過濾。過濾出的骨頭開始進行三次湯的製作。加入蓋過骨頭5cm深的水量後熬煮，大約加熱1個半小時~2個半小時後過濾成為三次湯。一次湯與二次湯混合後再加入三次湯即完成「若」湯。

一次湯為脂份、膠質高的湯頭、二次湯則為乳化後具濃稠口感的湯頭、三次湯呈現的是骨頭的風味。三者結合後可展現遠比一只湯鍋熬煮更加多層次的口感。

湯頭的作法

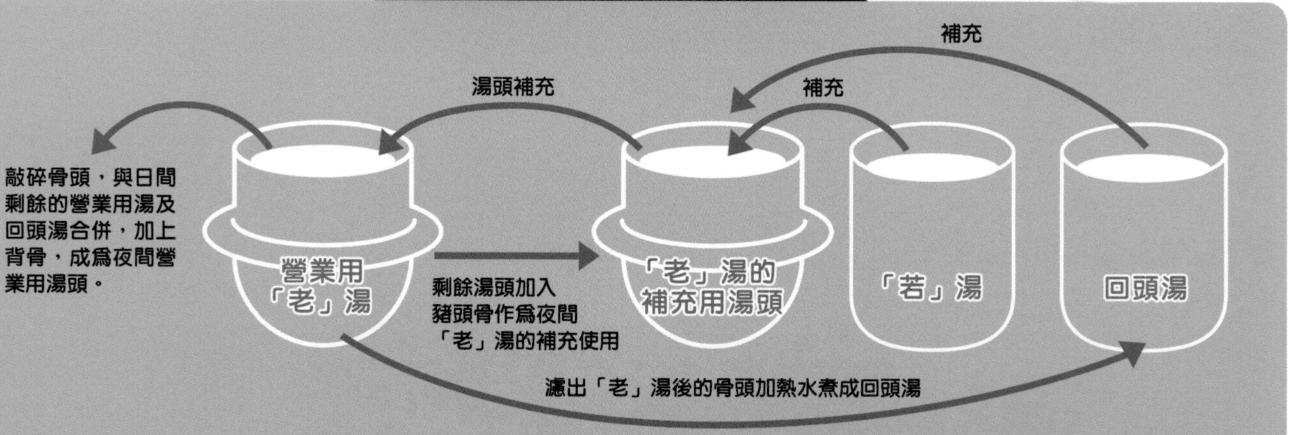
補充
湯頭補充
補充
敲碎骨頭，與日間剩餘的營業用湯及回頭湯合併，加上背骨，成爲夜間營業用湯頭。
營業用「老」湯
剩餘湯頭加入豬頭骨作爲夜間「老」湯的補充使用
「老」湯的補充用湯頭
「若」湯
回頭湯
濾出「老」湯後的骨頭加熱水煮成回頭湯

「若」湯

使用2只45cm高湯鍋。先將豬頭骨燙過，以水沖淨雜質及血塊。各鍋可放14個豬頭骨。

水位膨脹上升，持續以強火加熱至浮現骨頭的程度，約4小時。之後以鐵撬敲碎骨頭。

敲碎骨頭後加熱水熬煮。每15分鐘攪拌一次，注意不可黏鍋燒焦。

加入熱水煮約1個半小時後過濾即完成一次湯。濾出的骨頭再加入熱水準備製作二次湯。

二次湯沸騰後，加入背脂。各鍋1kg。

為避免燒焦，二次湯熬煮期間也要不時攪拌。煮至浮現骨頭約需3個半小時。

倒出二次湯，並加至一次湯內。此時熄火，讓骨頭直接在湯內靜置一晚。

第二天早上將靜置一晚後的湯過濾。濾出的骨頭用來製作三次湯。加熱水至蓋過骨頭5cm的高度，熬煮1個半小時~2個半小時後即完成三次湯。

一次湯與二次湯混合後，再加入三次湯即完成為「若」湯頭。營業時以手鍋加熱後使用。此湯頭也作為「老」湯的補充用湯頭補充使用。

營業時段，「若」湯須以手鍋加熱後再倒進麵碗。過去的作法為高湯鍋持續加熱，直接從中取出湯頭倒入碗內，後來發現長時間加熱會使「若」湯便成褐色，影響美觀，因而改變作法。除此之外，「若」湯也用於「老」湯不足時作為補充用湯頭。

店內最常使用鹿兒島產的豬頭骨，有時也採用三重產地。材料冷凍者居多，冷藏品較易熬煮，有時也使用冷藏品。「老」湯是持續添加熬煮的製作方式。具有人稱「發酵臭」的獨特香味的重口味豚骨湯頭，入口後即可感受瀰漫至喉部的香濃美味。

在此說明營業結束後的作業情況。「老」湯的釜鍋內加足水，加熱30～60分鐘後熄火，靜置至第二天上午。釜鍋內的骨頭和背骨直接浸在湯內即可，高溫的骨頭具有保溫效果，可減緩溫度降低速度。第二天上午再進行過濾。

過濾後的湯頭倒回釜鍋內，以小火保溫，於日間營業使用。使用前先以手鍋加熱後再倒入麵碗，因為湯內骨粉含量高，避免過於攪拌釜鍋。以手鍋加熱另具有降低腥臭的作用。

上午濾出的骨頭加水煮成的高湯稱為回頭湯。回頭湯與其說是高湯，應該更接近骨粉湯。與直接加水的風味完全不同，因此作為「老」湯補充用湯頭的補充之用。

「老」湯補充用湯頭材料為燙過洗淨的25個豬頭骨熬製而成。熬煮時不加水，直接使用回頭湯，以強火加熱，老湯水位降低則補充追加用湯。

日間營業時段使用的補充用湯為前一天下午完成者。第二天的日間營業結束後至下午2點半為製作補充用湯的時間。之後以鐵撬敲碎骨頭，並加入日間營業剩餘「老」湯。再加入背骨5kg及回頭湯，製作夜間營業用的「老」湯。熬煮時不斷產生的泡沫即為進行發酵的証明。沒有泡沫表示無發酵、泡沫過多則為湯頭分離無法融合。泡沫會大量溢出，因此不蓋鍋蓋熬煮，必須不時攪動避免燒焦。

此階段同時進行夜間營業用補充湯頭的準備作業。豬頭骨25個與回頭湯，加上日間剩餘「老」湯一同熬煮，由於是採用原湯不斷添加的作法，因此不論日間或夜間營業時段，都必須保留一定份量的「老」湯，不可全部售盡。

夜間的「老」湯僅開外側爐火加熱營業。骨頭浸於湯內，由釜鍋取出湯頭直接倒入麵碗，或是以手鍋略微加熱後使用。湯量減少時以補充用湯補充。補充用湯頭減少則用回頭湯與「若」湯補充。夜間營業來客集中時段，為避免「老」湯濃度變淡，須另添加背骨5kg。

營業結束後，加足水量加熱，熄火靜置至第二天上午。第二天上午並進行過濾，重覆相同作業程序。

濃郁的湯頭使得加麵訂單大增。最高紀錄為來客的75％均加麵。

堅持單一豚骨風味，材料只有豬頭骨，不另添加蒜頭等蔬菜類。蒜頭加在醬油醬汁內。鹽味醬汁則以酒、鹽、蒜頭、味霖製作。

店主大鶴貴士先生深受熬煮豚骨的深奧技術及魅力所吸引。相信仍有許多尚未發掘的製作細節待挑戰，進而產生更加美味的湯頭。這股堅定的信念即是支持永不減退研發熱情的最大動力。

「老」湯

將前日留下的營業用「老」湯中濾出骨頭。

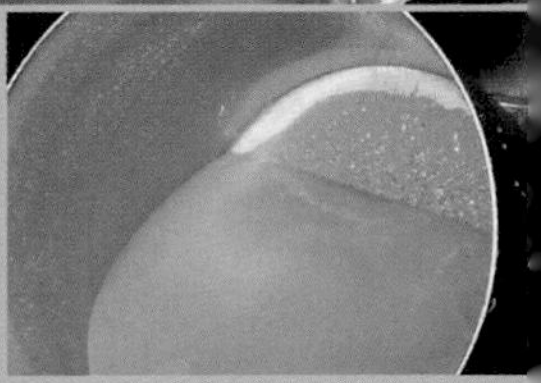

濾好的湯頭為骨粉含量高的濃湯。日間營業時以手鍋加熱使用。

濾出的骨頭加入熱水再熬出回頭湯。回頭湯作為製作追加用湯頭及補充追加用湯頭時使用。

釜鍋內放入豬頭骨25個，加入回頭湯後以強火熬煮。此即作為營業用「老」湯的補充用湯頭。

完成後的補充用湯，壓碎骨頭加入日間營業用的剩餘「老」湯與回頭湯，另加入背骨5支，熬煮成夜間營業用「老」湯。

夜間營業時段直接從釜鍋取湯倒入麵碗，營業期間也會有追加背骨的情況。

營業結束後加足水，熬煮30～60分鐘後熄火靜置至第二天上午。第二天上午再重複進行過濾等作業程序。

熊本・戸島

火の国　文龍　総本店

- 地址／熊本縣熊本市戸島4-2-47
- 電話／096-388-7055
- 營業時間／11時30分～15時、18時～22時30分（最後點單22時）
- 公休日／第1個週二

澀質雜味成功轉換成獨特美味　甘甜、香醇為特徵的濃厚滋味

● 豚骨黑（超濃） 590日圓

來客8成以上必點的人氣商品。100%豚骨濃厚湯頭搭配醬油風味的醬汁，組合而成菁華一品。只使用湯頭、醬汁、提味料完成的「NORMAL」（照片左）與表面覆蓋著背脂，幾乎不見配菜的「超濃」（照片上）相較之下，約半數來客選擇背脂口味。富含膠質的濃稠湯頭，入口後並不覺油膩，反而給人順口感覺，完全展現背脂獨特的香濃口感。另有醬油口味，以及使用補充用湯頭為湯底製作的清爽口味「紅」。

店內備有放置免費醃菜與生紅薑等配菜的區域，可依喜好自由取用。

水＋腿骨、背骨、豬頭骨

提供濃厚豚骨拉麵，平日300人，假日則達700人以上的高人氣拉麵店「火の国　文龍　総本店」。來自宮崎名店「風来軒」的店長工藤文生先生，不同於熊本拉麵傳統風味，以「濃稠重口味」作為勝負挑戰，在熊本拉麵界造成一股巨大衝擊。

1998年開幕初期，並無法獲得認同。前後花費4～5年的時間才得到眾人支持，工藤先生回憶著。今日顧客們對濃厚湯頭的要求與日俱增，從過去只有夜間營業時段擴大至日間營業，客層從年輕族群逐漸擴展至各年齡層。

身為拉麵專門店，努力提供豐富選擇，以豚骨100%湯頭為基底，也提供醬油、鹽味、味噌等口味。縣內設有分店，為享受高獨特性口味的最佳選擇。

腿骨

一天180kg大量使用的主要材料。扮演煮出湯頭中「濃稠」的重要角色。購入鮮豔紅色的新鮮材料，指定使用丸骨部位帶有軟骨組織的高品質A級品。

背骨

背骨的使用量一天50kg。是湯頭中「甘甜」味的主要材料。具有短時間內煮出高湯的即效性。

豬頭骨

一天使用20kg。可提升湯頭濃度、增添風味。為避免佔用過多空間，事先已將下顎切除，只有豬頭骨先預燙20分鐘後才使用。

湯頭

追求豚骨100%的美味極致，不刻意去除的雜質，忠實呈現膠質的濃郁與甘甜。

從「文龍」在店頭所掛布條「熊本最強超濃拉麵」可知，店內的豚骨湯頭，絕對是以濃厚重口味為訴求。以久留米的循環式添加作法為基本原則，創業12年以來不曾更換湯頭。豐富膠質所產生的濃稠口感，具深奧甘甜的特殊風味，都是令人驚嘆的特色。

然而，真正美味的濃厚湯頭並不光只是加入大量油脂即可。店主工藤先生理想中的濃厚湯頭，必須是能呈現強烈美味的濃厚度。「豬骨、水、強火」是三大要素，僅利用豬骨作為材料，全力探究完整展現豬的美味的深奧境界。

為求精煉美味，一天需要使用250kg的大量骨頭。3種類別的骨頭，腿骨180kg、背骨50kg、豬頭骨20kg。為確保品質的最佳鮮度，多以宮崎產或當地熊本產的材料為進貨點。主軸則是能熬出理想濃稠感的腿骨。背骨用來提升甘甜，豬頭骨則是增加濃度與風味。利用3只釜鍋以強大火力持續熬煮材料，藉由湯頭與骨頭的移動（方法詳見後述）製作濃厚湯頭。

製作美味的超濃湯頭的最大秘訣，在於不去除雜質。除豬骨頭以外，腿骨與背骨均為直接使用生骨熬煮。工藤始終堅持「雜質中隱藏著極致美味」的觀念。湯頭中最重要的「甘甜」與「膠質感」，在不刻意去除雜質的情況下，更能理想呈現。相對地，徹底去除雜質的湯頭，即少了食材原有滋味，而顯得過度精緻化。不經過預燙可能產生的澀味或腥臭問題，藉由強火加熱即可完全解決。

3只釜鍋內的湯頭稱為1號、2號、3號，1號與2號加入的是前述的3種骨頭，3號則以1號與2號用過的骨頭為材料。營業期間，全程以

湯頭

3只釜鍋中的湯頭與骨頭如下列順序移動，維持營業用湯頭的狀態。下列以外的作業爲在休息及營業後，將釜鍋底部骨粉末沉澱部份過濾。營業後2號與3號要再放回骨頭，1號以歸零的作法，不放入骨頭，這是爲了便於第2天負責人員在試味上避免產生主觀意識，可正確調整製作方向的原因。

3只釜鍋如照片所示並列排放。店內湯頭製作時，強大火力是不可或缺的要素。使用專業爐口以3萬kcal的火力持續加熱，營業時段每個釜鍋均為加熱狀態。

1號作爲營業用湯頭使用

從釜鍋舀起的湯頭過濾倒入麵碗。1次可做出6碗。

以3號補充2號

2號水位保持一定，但濃度不足時，即以3號補充。

在2號內加水

在2號內加水補足加至1號的份量，保持固定水位。除了加水外，還須適時加入3號。

以2號補充1號

1號減少的份量以2號隨時補充。

水

當2號加水仍不足時的補充用湯。以1號與2號使用過的骨頭熬煮。長期加熱後破碎的骨頭會在此鍋產生氧化，形成略為刺鼻的獨特風味與腥臭。

水

作為保持1號水位與濃度補充的重要湯頭。色白、較1號散發新香。同樣以3種骨頭熬煮，但以較易熬出濃度的背骨比例最高。

營業時使用的湯頭。色澤為骨頭血液色轉變成的茶褐色，具有甘甜香味。雖然加入3種骨頭，為維持色澤及稠度，以腿骨添加比例最高。

偶而攪動檢查骨頭狀態，避免產生燒焦，務必確認鍋底情況。

追加骨頭

1號與2號必須依來客情況事先想好湯頭循環作業程序，為保持湯頭色澤、香味、濃度的穩定，須適時追加新骨頭。營業中以加入腿骨、背骨為主，豬頭骨則在中場休息時段加入。

移動骨頭・篩選

骨頭長時間熬煮後會氧化及產生腥臭。1號與2號不能有臭味，因此在加熱約1個小時後，必須將腿骨和背骨移至3號。依2號的濃度及水位情況，有時也必須將1號的骨頭移至2號。

強火加熱。

1號呈現的茶褐色，為含有美味成份的血液顏色，具有甘甜香氣，為營業用的主要湯頭。2號為1號的補充用湯，較1號色白且為清淡香味。雖然不是主要用湯，但具有穩定1號湯頭的重要任務。3號則作為2號補充用的預備湯頭。

所有作業程序的基本原則為「隨時確保一定濃度與水位」。藉由「湯頭的移動」以及「骨頭的追加與移動」作湯頭的控管，維持穩定濃度與水位。

湯頭移動作業首先當營業用的1號湯份量減少時，即以2號補充，2號湯若因添加水份而使湯頭變淡，而1號湯又無法補充時，則以3號湯補充。骨頭方面，1號與2號均需適時加入新腿骨與背骨，使用後的腿骨與背骨則需移至3號湯。

豚骨湯頭具特有嗆鼻腥臭，主要原因在於長時間熬煮產生氧化所致。店內為降低腥臭味，採取骨頭熬煮約1個小時即取出的短時間製作方法。

「濃厚卻可直接飲用的湯頭」是努力的目標，利用持續加熱的方式去除腥臭。將1號與2號用過的骨頭放入3號湯內，煮至骨頭碎裂產生特殊骨腥味。此為增添湯頭內特有風味的重要關鍵，這些作業程序的判斷全靠長期經驗的累積。

工藤先生必須依照來客的情況預測湯頭的流動率，進而確實掌握湯頭色澤、香味、及泡沫的情況。「循環式添加的湯頭，會因來客速率改變湯頭與骨頭的循環，變得更加美味。相對地，當來客數減少的時段，如何保持穩定的湯頭風味，便是一件非常重要的事。」工藤先生説道。湯頭並非不斷地加熱即可維持美味，在一定的時間點，材料會開始裂化，並出現澀味與苦味。此時必須丟棄湯頭，重新啟動循環作業，讓湯頭始終保持在最佳狀態。除了當天的湯頭製作外，工藤先生還必須判斷及預測第二天的情況，以便事先準備。

醬汁・麵

極度重視醬油本身的品質，才能在醬油PB化後產生理想醬汁，麵體入喉的滑順口感是另一項獨特魅力。

「豚骨黑」所使用的醬油醬汁，首重醬油本身的品質，特別選用沒有膩口甜味及澀味的濃口醬油。將叉燒用的五花肉醃漬在醬油中，並添加蔬菜及乾貨加熱滷製成醬汁。

湯頭與醬汁的比例非常重要，任何一方都不能過於凸出。在麵碗裡調配時，必須依照豚骨湯當時的濃度，將醬汁的份量作微調整。

2009年開始自製麵條。至今仍不斷試做，每天提供些微改變的麵體，並觀察顧客反應。採訪時店內為切齒20號、含水率35%的捲麵。

為能使來客享受豪爽大口吃麵的快感，32~35cm的麵長為其特徵。稍微扁平的麵體則能使入喉口感更佳，現今的努力目標則為提高澱粉質感、更為滑順的麵質。速度也是店內用心的重點，水煮時間10秒。製麵時即將水煮時間列為條件。

繁忙時段則提升2%加水量，使得水煮時間更加縮短。加麵的比例高，超過半數來客都選擇加麵。假日出麵量甚至高達1000球以上。

自製麵體

為增加食用時豪爽的吸入口感，自製較長麵身，切齒20號，含水率35%的捲麵。1球120g，加麵100日圓。

叉燒

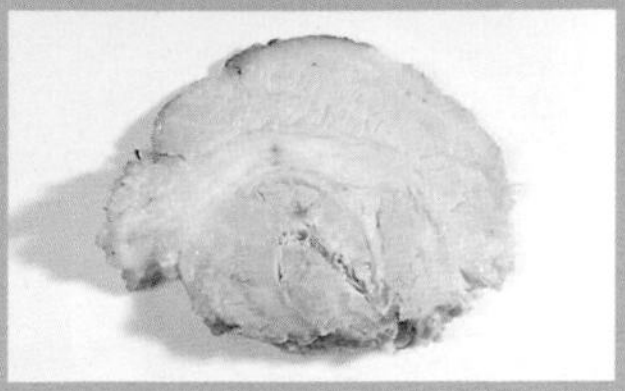

選擇含甘美脂質的五花肉，切成厚片擺放。

木耳

熊本拉麵裡的經典配菜，木耳與海苔的黑色使碗內色彩具凝聚效果。

蔥花

使用風采不輸湯頭，具爽脆口感的長蔥，略切的切工強調其獨特風味。

超辣味噌

以豆瓣醬、蒜頭、一味唐辛子、胡椒等原料製成的獨家超辣味噌。由於加麵比例高，在第2碗時溶入湯內，即可享受完全不同的美味，店內置於湯匙中提供給所需顧客。

醬油醬汁

具有與湯頭同樣重要地位的醬汁。使用的濃口醬油為無藥品臭味及澀味的私房品牌。先以叉燒用五花肉醃漬後加入蔬菜及乾貨熬製而成。

鹿兒島・山田町

五郎家

地址／鹿兒島縣鹿兒島市山田町3448-5
電話／099-275-1213
營業時間／11時～21時 無休

豚骨湯頭＋雞骨高湯 適合每位來客的親切溫和口味

● 招牌拉麵　580日圓

看似濃厚的外觀卻有著清爽、溫和口感的醬油味「五郎家」代表拉麵。醬汁使用具甘甜味的鹿兒島產醬油，充滿生命力的豐富口味獨具魅力。以長蔥及洋蔥炸成的「油蔥酥」香味無人能擋。

○超美味噌拉麵　680日圓

在鹿兒島產紅味噌及東京產白味噌中添加8種辛香料製成的味噌醬汁，充滿滑順香濃滋味。以豬油拌炒紅蘿蔔、高麗菜、豆芽菜、叉燒肉絲，與湯頭、味噌醬汁融合成完美口感。受歡迎至開發成杯麵的程度。

湯頭的材料

前日的豚骨湯頭與腿骨（已使用過）＋腿骨＋水＋背脂．豬肩里肌肉＋香味蔬菜＋雞骨高湯＋前日的營業用湯頭

2004年12月開幕的「五郎家」，幾乎所有顧客均為開車前來。雖然位於遠離鹿兒島市中心的偏遠地點，佔地15坪．24座位的店內空間仍是人潮不斷，假日甚至高達250人以上來客數的人氣拉麵店。

「迅速便宜美味是經營目標」，店主竹田健介先生希望店內拉麵能成為多數人日常的餐點，簡單沒有多餘裝飾的口味是追求的理想境界，也期望確立屬於自己的獨特口味。除了挑戰鹿兒島傳統對拉麵的喜好傾向，以及位於郊外的劣勢，致力研發出以豚骨高湯與雞骨高湯混合而成，充滿溫和口感的獨特風味。

相同湯頭的拉麵有3種類別。除了右頁的第2項外，還有加上辣肉燥味噌的「辛辣拉麵」，每一種都有廣大愛好者，人氣不相上下。店內在待客與氣氛掌握上也非常用心，深獲各年齡層顧客的支持與喜愛。

湯頭的調製

將分別熬煮的豚骨高湯與雞骨高湯過濾後，以同樣比例加入剩餘的前日營業湯頭內，作為營業用湯頭。此外，另準備以豚骨高湯與雞骨高湯同比例混合而成的補充用湯頭，作為隨時補充營業湯頭之用。前日營業湯頭的添加，具有穩定口味的作用。相較於以1只湯鍋熬煮，將豬骨與雞骨分別熬煮的口味較為清新爽口，故採用分別熬煮再進行混合的製作方式。

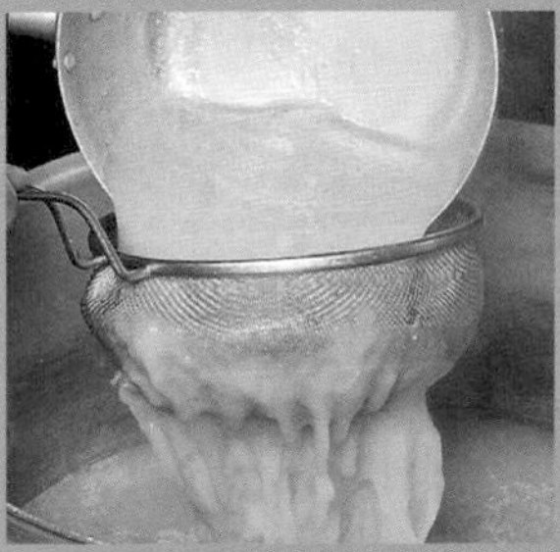

豚骨高湯

（作法在50頁）

＋

雞骨高湯

（作法在51頁）

＋

前日的營業用湯頭

營業用湯頭

補充用湯頭

湯頭

考量地區性口味的偏好及所在地點，致力開發出清爽中帶有深奧滋味的溫和湯頭。

「五郎家」將豚骨高湯與雞骨高湯以不同湯鍋處理，第二天再將2種高湯與前日留下的營業用湯頭混合而成營業用湯頭。

鹿兒島的拉麵不像博多及熊本拉麵般具有明確的地域性質，湯頭多以豚骨為主，再加入雞骨與蔬菜共同熬製而成，相較於九州其他地區的豚骨拉麵而言，屬於較清爽口味。

曾在博多的「博多一風堂」及「鄉家」等名店學習的店主竹田健介先生在獨立開店之際，即設定以100％豚骨湯頭作為成敗的條件。

在考量習慣鹿兒島清淡口味的在地居民而言，是否會感覺過於油膩，加上所在位置以中高齡及家族人口居多，因而決定採用豚骨高湯搭配雞骨高湯的作法，完成適合每位來客的親切溫和口味。

豚骨湯頭的材料為腿骨。進貨時已完成前置處理，製作過程中添加提高濃度的背脂及去腥的香味蔬菜，合計約需熬煮12個小時完成。

湯頭在清爽中兼具濃醇口感。製程中講究腿骨精華的完全熬出，主要關鍵在於4次輾骨作業，大幅提高腿骨骨髓的釋出。

輾骨則另有訣竅，重點在第一次輾碎的時間。由於第1次碾碎骨頭是精華釋出的最佳時期，必須持續10分鐘。決定4次輾骨次數的理由則為過度頻繁的輾骨會使味道過重，而破壞湯頭比例。

豚骨湯頭製作的最大難題在於「每天做出相同的味道」，竹田先生說道。

為使湯頭口味維持穩定，在混合豚骨高湯與雞骨高湯時，必須添加前日的營業用湯頭。

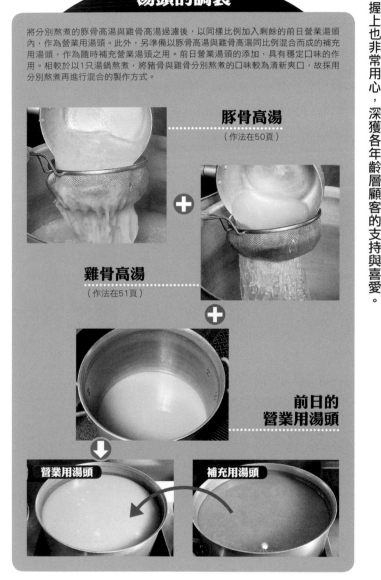

此外，開始製作豚骨湯頭時，將營業用尚未混合的豚骨高湯與煮過高湯的腿骨再次使用是作業上的特徵。以高湯來熬煮高湯的邏輯進行製作。此種手法的目的，同樣是為了尋求口味的穩定，並且可兼具提升高湯萃取效率。

在雞骨高湯方面，以小火熬煮避免產生白濁現象。白濁化的高湯，味道會變強，不符合理想中清爽口味。合計5個小時的熬煮時間，即是考量豚骨湯頭口味上的均衡感所致。此外要取得清澈湯頭，必須去除雜質及油份。

雞骨選用鹿兒島產土雞的帶頭雞骨。土雞可熬出高品質湯頭，也可見在地消費的用心。

配菜・麵體

凸顯湯頭魅力，展現鹿兒島在地精神的特色豐富配菜。

「五郎家」代表作「招牌拉麵」的配菜為油蔥酥與大量川燙高麗菜，充分展現「鹿兒島風」的內容。

鹿兒島當地稱為「炒蔥」即為油蔥，可使湯頭增加香氣，並凸顯湯頭美味印象。

湯頭的作法

豚骨湯頭

1 將營業用尚未混合的豚骨高湯內加入已使用過的腿骨。如照片所示，腿骨為使用過一次撈起之後洗淨，挑出仍含有髓質者使用。

2 加水，放入裁切好的腿骨。腿骨為燙熟去血水的狀態，進貨自熟人的拉麵店家，仔細洗清後加入。

3 以大火熬煮，沸騰後（點火後約1個小時）加入叉燒用的豬肩里肌肉，在高湯內煮2個半小時。

4 取出豬肉後，進行第1次持續約10分鐘的碎骨作業。輾碎骨頭後，會如照片所示，髓質浮在表面。經過第1次長時間的碎骨作業後，能使精華物質充分釋出。

5 去腥用的生薑與蒜頭。為使容易出味，先將生薑以逆纖維的方向切開，裝入袋後用手擠壓後再加入。

6 1個半小時後，進行第2次約5分鐘的碎骨作業。加水約2個小時後，再進行第3次約3分鐘的碎骨作業。輾碎骨頭的同時，要從鍋底攪翻骨頭，以防止燒焦。

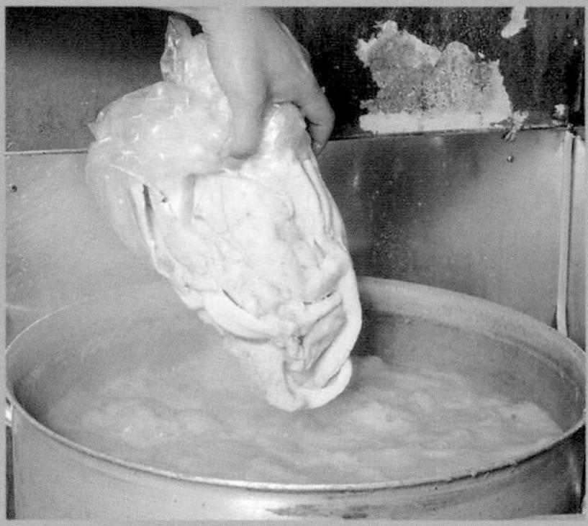

7 1個小時後，再進行一次3分鐘的碎骨作業後加入背脂。藉由背脂在湯內的熬煮過程，可相互增添醇度。

8 如照片所示，以背脂還能保有形狀的小火加熱，蓋上鍋蓋待背脂軟化，煮至湯頭濃度產生，大約在3小時後關火。

店內以白絞油小火拌炒長蔥及洋蔥，再與乾燥蔥花混合，豐富色彩讓人賞心悅目。

考量與湯頭搭配均衡，叉燒肉片的選擇使用油脂較少的肩里肌肉。獨特的切法與擺置則具獨特風格。

麵體選用鹿兒島主流的中粗直麵。竹田先生本身偏好含水低的硬口感麵體，為求與湯頭的理想搭配，而選擇此款麵。

湯頭清爽因此濃度較低，麵與湯頭的吸附度不足，故另添加芝麻粉來提升兩者間的融合。碗內放入的背脂也具有相同的效果。

「招牌拉麵」先在碗內放入油蔥、芝麻粉、調味料、醬油醬汁35ml、背脂等材料後，再倒入350ml的湯頭。

油蔥

以白絞油小火拌炒長蔥與洋蔥，再搭配乾燥蔥花製成。極具鹿兒島當地風味的配菜。

燙高麗菜

燙高麗菜也是鹿兒島地區拉麵店常見的配菜之一。去芯切絲，點單時可請店家加量放入。

叉燒肉片

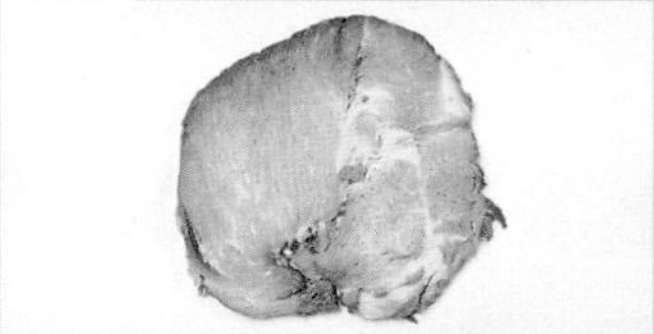

在鹿兒島多數拉麵店都使用五花肉製作，店內則選擇能與湯頭更加均衡搭配的肩里肌肉。以高湯煮熟後再醃浸於甘甜的醬油醬汁中。

麵體

切齒20號的中粗直麵。含水低的硬口感麵體與湯頭較為搭配。1球130g，不提供大份。

雞骨高湯

1 帶頭及脖子的雞骨以滾水淋燙，放置5分鐘後倒掉熱水，重複進行3次此項作業。雞骨選用鹿兒島縣生產的土雞。

2 高湯鍋內加入1與水，以中火加熱。需要的是清澈的湯頭，因此必須撈除雜質與油份。

3 3小時半後，加水並放入香菇。菇帽向上較能煮出味道。轉為弱火，蓋上鍋蓋加熱約1小時半。第二天上午再進行混合。

9 第二天上午，點火並取出背脂。水位減少的部份加水補足並加熱至沸騰。背脂瀝乾作為煮拉麵時加入碗內的調味食材。

10 用網子撈除浮在表層的髓質。為避免影響湯頭入口時的口感，必須徹底撈除。

11 取出香味蔬菜袋略為放置後，將蔬菜袋流出的湯汁倒回鍋內，豚骨湯頭即完成。接著再進行P49的混合作業。

東京・武藏新田

らーめん　ときん

■ 地址／東京都大田區矢口1-7-13
■ 電話／03-3757-7317
■ 營業時間／11時～14時30分、17時～22時30分（週日、例假日至21時）＊售完為止
■ 公休日／第2、4週日

謹慎細心的前置處理作業 完成無腥濃厚豚骨湯頭

● ときん 拉麵（白）650日圓

充滿感受熊本拉麵魅力的招牌商品。以湯頭300ml、鹽味醬汁30ml、麻油10g、胡椒等完美比例所組成經典的一碗。蒜頭搭配香味蔬菜及麻油香醇風味，呈現出獨特的美味。配菜包括火烤肉片、生高麗菜、木耳、蔥花。麵1球160g，每增加0.5球＋100日圓，大份2.5球（＋300日圓）。高麗菜加量、以及加蒜、口味加重、加油脂均免費。

● 沾醬麵　700日圓

充滿魚貝風味的醬油醬汁與柴魚粉濃湯，搭配甘醋與生薑泥調製出來的爽口沾醬，獨特性強的優質口味。湯頭與拉麵共通。加入海帶芽的配菜與沾醬非常搭配。

水＋豬頭骨＋雞骨＋背脂、豬五花肉＋前日的湯頭

１９９９年創業於東京・蒲田，２００５年９月遷至武藏新田並更名為「らーめん　ときん」。曾於熊本拉麵名店「桂花」中服務長達13年的今村英樹先生，早已練就純熟技術，店內的正統熊本拉麵為評價極高的人氣商品。與妻子用心踏實的經營，贏得各年齡層的眾多忠實粉絲支持。

只有豬頭骨能熬出的濃醇香味，完全不帶腥臭則是店內最大特色。以此湯頭製作的拉麵，有招牌商品的熊本拉麵「白」，以及遷址後開發出的背脂醬油拉麵「黑」。帶有魚貝風味「黑」的受歡迎程度與「白」已經不相上下。另有醬油味的沾醬麵，同樣深獲好評。

湯頭

承襲熊本拉麵精神，以豬頭骨為主體的濃厚湯頭中，徹底的前置處理排除獸骨腥臭。

「らーめん　ときん」的豚骨拉麵，以豬頭骨為主體，確實掌握豬五花肉、背脂、雞骨等材料特色，利用時間差花費近11小時熬煮而成，充滿熊本拉麵濃醇而溫和的風味。猶如堅果泥般濃稠紮實具深度的回甘滋味，獨具魅力。

此外，店內的另一大特色，則在於享受豬頭骨特有的濃醇美味，卻絲毫不帶獸骨腥味。店主今村先生本身即對獸骨腥臭難以接受，因此誓必製出無腥無臭，讓人容易接受的美味湯頭。

去除獸骨腥味的重要關鍵在於徹底的豬頭骨前置處理。豬頭骨水煮1個小時後，使雜質完全排出，以刷子和手將表面雜質及肉片清除，這是發臭的主因，務必仔細處理。

確實完成這道程序，才能確保熬煮湯頭時不產生腥臭。

豬頭骨的前置處理

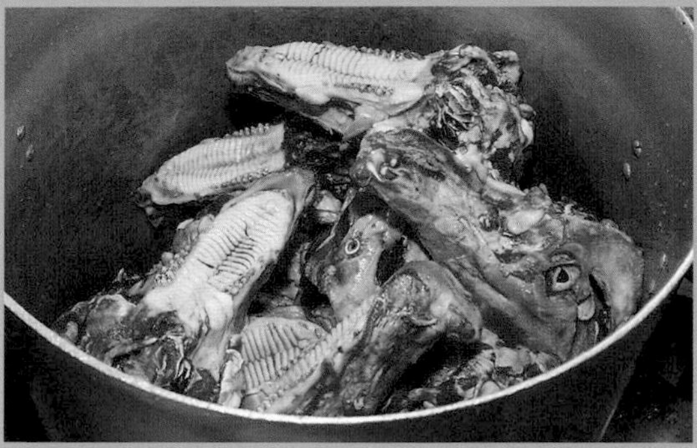

1 豬骨的選擇，僅使用最易熬出濃厚高湯的豬頭骨，1日約30kg使用量。熬製湯頭的前一天進行前置處理作業，之後置於冰箱冷藏保存。

2 先水煮1個小時除瀝去雜質。照片右側為留在鍋底的豬頭骨雜質。放置不管會使腥臭移至鍋內，必須立刻清洗。

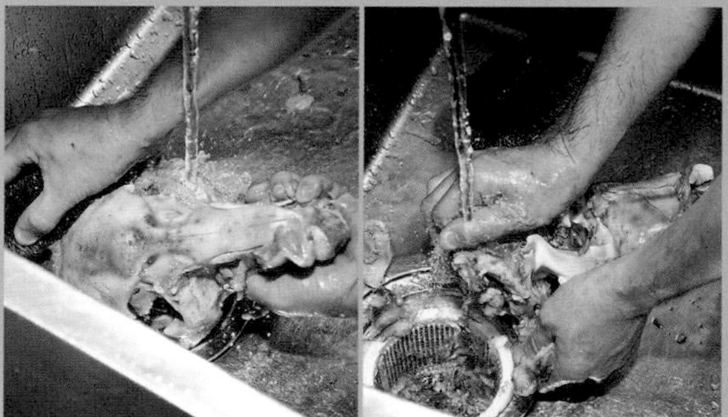

3 以清水沖洗並用刷子將表面的雜質與肉片清理乾淨。耳朵部位則以手將肉片去除。

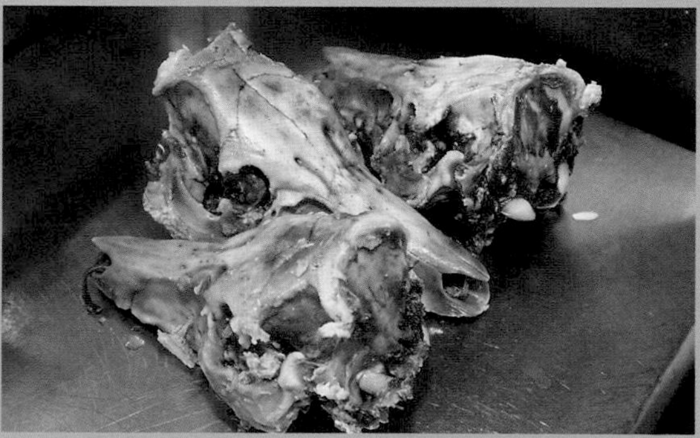

處理後的豬頭骨，骨頭表面幾乎已無沾黏肉片。濃厚中不帶任何腥味的湯頭，致勝關鍵就在於前置處理的徹底執行。

今村先生的最大目標在於完成「濃厚卻不膩口的『香醇爽口』湯頭」。以往製作的湯頭更為濃稠，現今只煮2個小時即取出的背脂，過去的作法是持續煮至完全乳化為止。現在藉由提早取出背脂來控制油脂含量，點單時可自行要求油量及醬汁多寡，依顧客喜好決定濃度。

以一只高湯鍋熬煮的作法，除了可在1天內完成作業外，也可有效控制電費及成本。豬骨選用可熬出濃厚高湯的豬頭骨，使用量為30kg。另添加背脂3～4kg及雞骨5kg，用以提升口味深度，並以製作叉燒肉片及滷肉塊的豬五花肉增加肉香。合計1小時，以強火熬煮，蓋上鍋蓋加熱可藉由壓力使乳化過程更加順利，進而完成理想湯頭。此外為使骨內精華充分釋出，期間須進行一次切開豬頭的作業。

今村先生表示，豚骨湯頭最困難的地方就在於味道（濃度）與抽出量的一定比例。時間過長，濃度上升，水份蒸發而使湯頭量減少，色澤變差。在放入材料後，一開始須加入已熬煮3小時的高湯（營業用湯頭備用湯），以此為基準開始進行調整，水位、味道、顏色都需嚴格控管，必須仰賴經驗研判。在教導店內人員時，先達成80分水準即可，但是務必維持同樣味道（濃度），之後再用心體會何謂「店裡湯頭的味道」。將目標中

湯頭的作法

1 早上9點，開始熬煮前日已完成前置處理的豬頭骨。從9點～20點約11個小時，以強火持續加熱。

2 將綁好的叉燒用豬五花與配菜滷肉塊用的五花肉加入，煮約40分鐘，讓高湯入肉味。

3 撈除泡沫。因為骨頭已經先燙過，所以不會浮出太多雜質泡沫，也不會產生熬煮湯頭時特有的腥臭味。

4 10點左右，取出豬五花，加入3～4kg的背脂，瀝乾後用於製作醬油味拉麵與沾醬麵時使用。

5 取出背脂後，將豬頭骨敲開以便高湯釋出。不敲開則稠狀物不易釋出，湯頭會太稀。蓋上鍋蓋加水繼續熬煮，下方照片為敲開後的豬頭骨。

使用建築用的不鏽鋼拌刀進行切割工作。堅固實用又省力。

6 下午2點左右，加入帶頭雞骨5kg。煮雞骨時要不斷換水，以滾水來洗淨。下午5點～6點加水熬煮，之後到晚上8點則加高湯（營業用湯頭的備份），蓋上鍋蓋熬煮。

7 第二天上午，點火後邊攪拌至湯頭沸騰。確認味道，並以濃度計測量濃度。濃度應為Brix 7%、8%左右為標準。

8 完成後，為便於下個作業中前日營業用湯頭的添加，必須過濾出部份湯頭。高湯鍋為鋁製，並特製附有龍頭出水口。

的味道烙印在記憶中，以此作為製作湯頭時口味調整的方向，這是湯頭製作者必須具有的技術。

熬煮11小時後的湯頭靜置一晚，第二天上午煮沸後再次確認味道與濃度，並加入前日營業用湯頭以提高濃度。完成後即成營業用湯頭。

香味油・醬汁

熊本拉麵湯頭中不可或缺的香味，香純麻油均為自家特製。

可充分享受熊本拉麵正統口味的「ときん拉麵（白）」是由湯頭搭配麻油、鹽味醬汁、胡椒而成。

讓湯頭充滿香味的麻油，在店家意識到品質更重於香味的考量下，決定自行研發製作。首先，以長蔥的綠色部位製作蔥油，再將切絲泡半日水的洋蔥油炸加入，以增添甜味，最後加入小火炒香的蒜頭。取出洋蔥與蒜頭以處理機打碎後，再次加入油中。完成後再以麻油作最後香味的添加。

鹽味醬汁以鹽為基底添加昆布、鯖魚節、脂眼鯡與黑毛的高湯製成。希望顧客食用時感覺食材的菁華濃縮感，因此口味較重，鹽分濃度設定在28％左右。

高麗菜

不經燙熟，直接加在拉麵上，營造出豐富感。遷址前並無添加，依顧客要求目前已成為固定菜色。

麻油

熊本拉麵中不可或缺，充滿濃郁香味的香味油。以自製蔥油小火拌炒洋蔥、生蒜頭而成。

醬汁

拉麵有正統熊本拉麵「白」、與背脂醬油拉麵「黑」2種。「白」為照片中左的鹽味醬汁，「黑」為右側的魚貝風味醬油醬汁。醬油醬汁也於「沾醬麵」使用。

麵體

進貨自「丸山製麵」的切齒22號方直麵。為口感較硬具咬勁的麵體。

叉燒肉片

點單後以噴槍烤出焦味。大幅提升入口時的風味。豬五花肉在湯頭內煮後，再以醬油、酒、味霖、香味蔬菜製成的醬汁滷成。

滷肉

「滷肉拉麵」上的配菜。入口即化般的軟嫩口感為魅力所在。先以湯頭煮熟後，再以蒜味甘甜醬汁滷成。

9 為提升濃度，須加入前日營業用湯頭，同步驟8進行過濾作業。照片下方為過濾完成的湯頭。略帶膚色的乳白色澤，具濃稠感，有著如牛奶般香醇甘甜的美味。

營業用湯頭

將營業用湯頭開火加熱，為避免損及湯頭色澤，採用少量加熱，不斷補充的方式。

大阪・高槻

麵哲支店　坊也哲

- 地址／大阪府高槻市城北町2-2-24　FESDA河安1樓
- 電話／072-671-0143
- 營業／〔平日〕12時～16時、18時～22時30分〔週六、日〕12時～16時、18時～21時
- 公休日／週一（週一為假日時，週二亦休）

壓力鍋＋攪拌器
短時間內完成鮮美的白濁豚骨湯頭

● **豚活力　900日圓**

非主力商品，為店內數量限定商品，是深獲豚骨拉麵迷喜愛的優質極品。以壓力鍋燉煮腿骨與豬皮，完成時再以攪拌器使湯頭呈現白濁化，再以2種肉片與煙燻豬舌做搭配，充分享受豬肉美味。湯頭無豬肉腥臭，濃醇滑順，各年齡客層均可接受的溫和口味。麵體採用25kg攪拌機製成的自家特製麵，屬低含水直麵。

水＋腿骨＋豬皮・豬肩里肌肉＋蒜頭・生薑

為大阪·豐中「麵哲」的分店，開幕於２００８年２月，店名「麵哲支店　坊也哲」。位於車站前，雖然是面積７坪不到，僅９個座位的小規模店，但卻深受當地上班族、主婦等熟客的喜愛。

主力商品與「麵哲」相同，以自製麵的獨特美味為訴求，醬油味拉麵、沾醬麵、以及２００９年９月開賣的數量限定豚骨拉麵，均有極高評價。本身即為豚骨拉麵愛好者的店長川端尚次先生，開幕時就希望能提供豚骨拉麵，即使是小規模店仍然致力於豚骨湯頭製作的研發。

以過去「麵哲」店長庄司忠臣先生，利用壓力鍋製作雞骨白湯的作法為靈感，開發出此次介紹以壓力鍋及活用攪拌器的調理方法。

湯頭

小規模店也能完成致力追求效率與美味的新概念豚骨湯頭。

「麵哲支店　坊也哲」是間７坪大小、９個座位的小規模店。正因為規模小，豚骨拉麵並非主力商品。除了口味外，作業效率的考量也同樣非常重要。

店內眼中的理想豚骨湯頭，須有「麵哲」精神，能充分展現麵食美味，並且能品嚐肉的甘甜。不帶豬骨腥臭，細滑濃郁的口感，是最大魅力所在。

此外，店內另一項特色，則是以壓力鍋為製作器具，最後再以攪拌器強制進行湯頭的乳化作業。

這是參考過去在「麵哲」時，店主庄司忠臣先生製作雞骨白湯作法時所產生的製作靈感。藉由壓力鍋的使用，可以節省一般豚骨湯頭熬煮時所需的大量火力，並且能在較短時間內取得白濁的豚骨湯頭。

庄司先生曾表示，「相較於正統豚骨湯頭的作法，這種方式也許會被視為旁門左道。

但是光就節省的瓦斯費、與因為使用壓力鍋而使湯頭不接觸空氣，所以不易氧化、以及可以在短時間內取得

腿骨

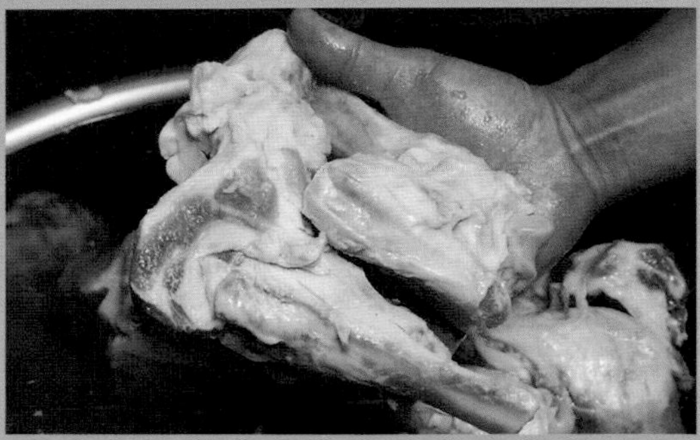

希望除了骨頭本身外，也能獲取肉的甜味，因此選用帶肉多的腿骨。進貨時已完成切割狀態。

豬皮

各店均使用同樣豬皮製作。利用豬皮膠質，加速湯頭乳化效率。

器具

使用如照片中的壓力鍋作業。最後利用攪拌器一口氣使湯頭白濁化為最大特色。

品質穩定、新鮮的湯頭來看，此手法未嘗不是一種合理的方式」。

現今店內作法為將腿骨10kg、豬皮1kg、配菜「肉燥」用的豬肩里肌肉、香味蔬菜、水25L等材料放入36L的壓力鍋內，大約可取得45人份20L的湯頭。

過去曾經添加豬背骨，但是味道過於複雜，現今僅使用腿骨，讓口味呈現一致感。

壓力鍋內的水沸騰後，加入腿骨與豬皮，撈除浮渣後，再加入豬肩里肌肉與香味蔬菜，加壓悶煮1小時。之後加水降壓，並取出豬肩里肌肉。此時湯頭表面會浮出脂質，雖然尚未乳化，但是表示腿骨的骨髓與肉的精華已釋出。

此階段開始使用攪拌器，強制讓湯頭乳化。一開始攪拌1～2分鐘，會驚訝地發現湯頭瞬間已呈現乳白的白濁色。

快速乳化的主要因素在於使用膠質含量高的豬皮所致。攪拌器刀刃的高速迴轉，則是另一重要的因素。

完成後的湯頭立即沖水冷卻，分成1人份小袋冷凍保存。防止豚骨湯頭氧化是件困難作業，這個方法則能確保湯頭的鮮度。

湯頭的作法

1 腿骨泡水2～3小時，解凍並去血水。川燙後再以清水洗淨。由於使用壓力鍋時必須加蓋悶煮，必然會產生腥臭味，因此務必徹底做好預煮作業。

2 壓力鍋內的水沸騰後，加入腿骨與豬皮煮滾。豬皮直接使用。

3 雜質浮起後撈除。稍微攪拌可加速雜質釋出。

4 放入「肉燥」用豬肉與蒜頭、生薑。先熄火後蓋上蓋子，開始加壓。最初用強火，壓力產生後改小火，並調整好火力大小。

5 約1小時後熄火，將壓力鍋放至大鋼盆中，以水從鍋蓋上方倒下，降低壓力。

6 壓力降低後，打開鍋蓋。此階段湯頭如照片中尚未乳化的狀態。取出豬肉，均勻攪拌。

7 以攪拌器進行攪拌。油脂質輕，所以會浮於表面，須將其均勻拌入湯內。可發現湯頭瞬間變成白濁的豚骨湯頭。

8 過濾白濁豚骨湯頭，並以冷水急速冷卻。降溫後即裝入密封袋內，冷凍保存。

配菜

配菜也採用能充分表現豬肉美味的材料與調理法。

「豚活力」上的配菜正如其名，將豬肉的美味從各種角度提供顧客品嚐。說是「全豬」料理也不為過。

配菜包括滷肉與烤肉2種、「煙燻豬舌」、豬油炒絞肉搭配豆芽菜的「拌豆芽」、筍乾、九條蔥等。

以滷肉的要領製作肉片，是為了呈現飽滿肉汁及感受豬肉香甜滋味。「烤肉片」則是先以烤箱烤熟，點單後再以平底鍋煎香。

「拌豆芽」是利用壓力鍋處理燙熟的豬肩里肌肉。

鍋內的高壓環境，使得肉汁精華釋放在湯頭中，但是藉由豬油的拌炒，則產生另一種美味口感，與豆芽菜搭配後，成為一道中間休息時讓筷子稍停的特別小菜。

「煙燻豬舌」是以低溫調理豬舌加以冷燻而成。

希望能有木耳般的爽脆口感，因而開發此項材料。加上保存性的考量下，選擇冷燻手法製作。可品嚐到胡椒美味。

麵體

選擇使用澳洲白小麥粉製成，芳香順口的直細麵體。

不像店內主力商品拉麵及沾醬麵，「豚活力」使用的是專屬的訂製麵體。使用充滿小麥芳香的澳洲小麥粉，含水率基本為32～34%（拍攝時為30%）。切齒選用24號，屬於偏細的直麵。

根據每天頻繁次數湯頭的提供，可感受到麵與湯之間的微妙關係，不只是豚骨拉麵，庄司先生對於店內麵體的使用，始終堅持一定的水準。而專為豚骨拉麵所準備的這款麵體，則著重在表現「咀嚼時所產生黏度與湯頭的理想度」。

叉燒肉片

將豬肩里肌肉放入65～75度C的基本拉麵湯頭內以低溫調理，之後再醃浸於叉燒用的醬油醬汁內。

烤肉片

將豬肩里肌肉先醃浸在蒜味的醬汁中半日，再以烤箱烤熟。點單後再將兩面煎香。

煙燻豬舌

豬舌撒上胡椒並醃漬於調味汁內，放入真空袋，以70℃熱水進行低溫真空調理，冷燻完成後作為「豚活力」的專用配菜。

拌豆芽

將壓力鍋悶熟的豬肩里肌肉切碎，以豬油炒香後與豆芽菜、醬油醬汁拌成的配菜。是中途稍休息時的最佳小菜。

麵體

以入口滑順感為特色的自家製麵。1球140g、水煮時間40～50秒。沒有大碗，但提供加麵服務。

9 冷凍保存狀態下的豚骨湯頭。以微波爐解凍後使用。最初是採自然解凍的方式，發現容易生水，故採用微波爐加熱解凍。

10 點單後以小鍋將豚骨湯頭與醬油醬汁混合加熱。兩者一同加熱可使味道更加融合。

福岡・清川

ラーメン　海鳴

- 地址／福岡縣福岡市中央區清川1-2-8-1F角號
- 電話／092-524-0744
- 營業時間／11時30分～15時、18時～凌晨3時
- 公休日／週二
- 部落格／http://ameblo.jp/07090098shigeo/

魚貝高湯＋豚骨 創新的多層次新口味！

● 魚貝豚骨拉麵　700日圓

在「豚骨拉麵」（600日圓）與「魚貝豚骨拉麵」、「沾醤麵」（800日圓）的店內商品中，「魚貝豚骨拉麵」為壓倒性的招牌商品。以「魚貝豚骨」的製作來說，是完成豚骨湯頭後，以手鍋將魚貝高湯與豚骨湯頭混合而成。魚貝高湯則是依據博多人的喜好比例，研究開發而成。

水＋豬頭骨＋雞骨・雞腳＋背脂・豬五花肉

開幕僅1年，已成為博多地區備受矚目的拉麵店。以豬頭骨為主材料的豚骨湯頭，耗時20小時以上熬煮。店家以製作不會有任何排斥，輕易就能吃完，香濃充滿餘味的湯頭為努力目標。湯頭內添加了博多人鍾愛的魚貝高湯，搭配醬油醬汁所製成的「魚貝豚骨拉麵」是超人氣商品。開業以來，每月更新的限量拉麵，「似曾相識卻又前所未見」的創意作品，始終是最佳話題。

除此之外，沾醬麵的醬汁也相繼開發法式沾醬、義式沾醬等新嘗試。加麵時的麵體則為獨具特色的「火烤麵」。夜間女性來客多亦為「海鳴」的特色之一。

麵體

左為「豚骨拉麵」用麵。非低含水、延展性低麵體。右為「魚貝豚骨拉麵」與「沾醬麵」用麵，切齒20號的中細麵，屬滑順、Q彈麵質。

獨家研發的「火烤加麵」。表面以噴槍燒烤，並淋上少許老醬汁。麵體口感大致相同，焦脆口感則大幅提升香味。

湯頭

以豬頭骨為主材料，
搭配雞骨與背脂，
呈現精華濃縮與餘味。

店主大久保茂雄理想中的豚骨湯頭為多層次型湯頭。除了豚骨應有的濃縮質感外，更須具備可回味不已的餘味。

應運而生的即為豬頭骨與雞骨的組合。

不少店家以豬頭骨與腿骨作為組合材料。大久保先生認為豬頭骨與腿骨雖可提煉出濃郁湯頭，但是兩者併用時，卻難以凸顯各自優點。因此決定選用雞骨與雞腳作為搭配豬頭骨的輔助材料。

材料以豬頭骨為主，約佔全體的6成。總計45kg的材料放入51cm的高湯鍋內進行作業。

一開始將豬頭骨與雞骨去血水。放入鍋內待沸騰後以水洗淨。

首先在51cm的高湯鍋內加入豬頭骨與熱水後開火。沸騰約10～20分鐘後撈除浮渣。水位減少時，先將鍋邊沾黏的雜質也刮除後再補足水。雜質是形成腥臭的原因，務必徹底去除。

為提高豚骨高湯的釋出效率，使用淨水器過濾後的軟水。火力為強火，以釜鍋煮至沸騰出聲音的狀態即蓋上鍋蓋繼續加熱。

熬煮2小時之後，加入叉燒肉片用的五花肉與雞骨、雞腳。加入雞骨是為熬出具後味的多層次口感湯頭。但是為避免僅添加雞骨會使湯頭中雞汁味道過於明顯，另添加雞腳。雞腳熬出的高湯，除了清爽口感外，更具有回甘效果。

加入雞骨2小時後再加入背脂，接著熬煮4小時，濾出1／4湯頭。此為第1道高湯。

豬頭骨不須敲碎。敲碎後骨質釋出過量，與雞骨搭配則凸顯不出清爽口味。同樣地，加入蒜頭、蔥等蔬菜也會破壞湯頭層次感，因此不添加。

取出第1道高湯後，以熱水補足，再開強火加熱。約6小時後，注意不要燒焦，稍微攪拌即可濾出第2道湯。

將第1道與第2道高湯混合，再用更細濾網過濾，靜置一晚後才能使用。經過2次過濾程序，湯頭口感會更加滑順。

去除豬骨腥味，最少需要熬煮20小

魚貝豚骨高湯的作法

豬頭骨以強火加熱2小時後，加入雞骨、雞腳、及叉燒肉片用的五花肉。2小時後再加進背脂。

熬煮4小時後，完成第1道湯。此時補足熱水，再次以強火加熱6小時左右。

觀察鍋內情況，以強火煮至沸騰發出大滾聲。期間須攪動以免燒焦，除此之外，蓋上鍋蓋以免散熱過快。

6小時後過濾取出第2道湯。與第1道湯混合，以更細的濾網過濾，成為滑順口感的湯頭。

湯頭冷藏靜置一晚。第二天以手鍋加熱使用。「魚貝豚骨拉麵」為點單後才將豚骨湯頭與魚貝高湯於手鍋混合加熱，再注入麵碗。

時。不少博多人難以接受豚骨湯頭中的腥臭味。

女性顧客則在意衣物上沾染腥味。因此讓更廣泛的客層能接受的「新博多風味」湯頭，是店家追求的目標。以「魚貝豚骨」作為主力商品也是基於這個因素，藉由與「魚貝高湯」讓豚骨風味更為清晰，也緩和豚骨特有的腥臭味。不使用前一日的湯頭或骨頭，每一天都從頭製作。

魚貝高湯是依照博多人的口味所研發的產品。

魚乾為千葉產與長崎產兩者混合。去除頭與腹部，與昆布泡水一晚後再加熱熬煮。接著取出昆布，加入鯖節、柴魚、宗太節，柴魚為近海產，之後再過濾，過濾後須放置一晚後使用。

使用時，先將豚骨湯頭倒入手鍋，再加進魚貝高湯混合加熱。

麵碗裡先加好老汁及魚貝油。老汁是以蛤蜊高湯、滷肉汁、調味料調製而成。魚貝油則是以豬油調理節類與蔬菜而成。為避免節類產生苦味，油須保持不超過120℃的溫度。

蔥花不採小口細切，而是以斜切方式。麵碗選用鮮紅色，希望營造亮眼的「嶄新」感受。肉片單面以噴槍略烤後放上。

沾醬麵用的醬汁，是以此豚骨湯頭為基底調製而成。拉麵與沾醬麵的老汁也相同。

沾醬麵的沾醬不另加醋及辣椒，只將青紫蘇葉切細撒上。

提味沾醬可分別販售，法式沾醬（200日圓）、義式沾醬（150日圓）。法式沾醬為含有鮮蝦及番茄的特製醬，義式沾醬則以羅勒為主，羅勒打成泥狀可降低成本，讓售價更為平實。

此外，沾醬麵的湯頭是以柴魚高湯與魚貝高湯2：1的比例調和後再予以稀釋提供，稀釋後的湯頭又別有一番風味。

麵體

獨特創新的加麵麵體「火烤加麵」已成人氣話題商品。

目前「魚貝豚骨拉麵」與「沾醬麵」均使用切齒20號的中細麵。含水率則選擇高於博多拉麵，滑順Q彈口感的麵體。沾醬麵的麵體較細，彈性佳，具不易軟糊的特性。水煮時間約60秒。

「豚骨拉麵」使用切齒26號的極細麵。此種極細麵的含水率較高，不會有膩口感。

店內最具特色之處，莫過於是「加麵」時所提供的麵體。獨創的「火烤加麵」是在煮熟的麵表面以噴槍燒烤後提供。

表面略呈焦狀，但不至脆硬程度。與焦味融合出的口味，可以緩和湯頭的濃稠感，具有互補意味。

追加火烤麵時，與一般加麵相同，會先淋上些許老汁。售價也與一般加麵相同。充滿視覺上的新奇感，因而成為店內話題商品。

此外，每月的限量拉麵也備受注目。至今提出的包括鮪魚沾醬麵、義大利風豚骨、牛骨魚貝拉麵、蛤蜊醬油、墨西哥辣豆豚骨、豪華巨無霸、大骨拉麵、鮮魚系沾醬麵、淡菜中華麵等。

限量拉麵以不影響整體作業為主，通常為一週的短期販售。

叉燒肉片

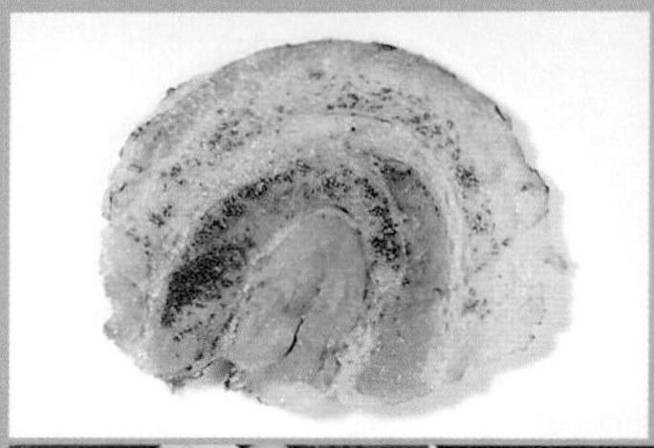

叉燒肉片以豬五花肉製作。以噴槍將單面略烤後再放上。

● 沾醬麵　800日圓

沾醬麵以豚骨湯頭為基底製作。老汁也與拉麵相同，沾醬不添加醋與辣椒。青紫蘇切細裝飾，與「魚貝豚骨拉麵」同樣使用中細麵。湯頭稀釋為柴魚高湯與魚貝高湯2：1的比例。

沾醬麵用的提味醬備有鮮蝦．番茄法式醬（200日圓）與義式羅勒泥醬（150日圓）2種可供選擇。為使價格平實，在材料上下了不少功夫。

奈良・尼辻

まりお流ら～めん

- 地址／奈良縣奈良市尼辻町433-3
- 電話／0742-35-1102
- 營業時間／18時～2時30分（L.O）
- 全年無休
- http://www.marioramen.com

目標日本第一濃厚拉麵 高科技機器如虎添翼！

● 濃厚豚骨鹽拉麵 840日圓

以「清爽豚骨拉麵」的濃度為1做比喻，此「濃厚豚骨鹽味」的濃度至少為6。是目前的1號人氣商品。除了背脂之外，另以自製蒜油、麻油混合成的香油做調味。以濃郁豚骨湯頭搭配全雞大火熬煮出的雞白湯，結合成濃度與風味兼具的極品湯頭。

● 富士山　2100日圓

猶如西式濃湯般包覆著麵體湯頭，卻出奇地爽口不油膩。豚骨高湯、雞白湯與背脂在麵碗裡合成，再以3kw營業用微波爐加熱後才加入麵。1日可售出20碗以上。

前日的湯頭＋腿骨・豬頭骨＋豬腳・背脂＋雞白湯＋水煮肉汁

20年前福永博昭先生以「日本第一濃厚豚骨拉麵」為目標開設了拉麵店。不以大量添加背脂來提高濃度，而以追求湯頭本身香醇為目標。一味執著於湯頭濃度往往會加重作業負荷，並且無形間拉長不必要的勞動時間。因此在兼顧香濃美味的同時，如何提升效率，並縮短準備時間，是努力的大方向。9年前藉由遷新址的機會，一口氣購入大型高溫蒸氣鍋、營業用3kw微波爐6台、壓力鍋10台、高壓高溫幫浦、特製高湯鍋、特製高卡洛里湯爐等器具。

店內相繼開發推出相較於爽口豚骨拉麵濃郁6倍的「濃厚豚鹽」、15倍濃的「霧島」、甚至20倍濃的「富士山」等獨樹一格商品。每週更新的創作拉麵，其豐富內容也深受歡迎。

湯頭

藉由高溫蒸氣裝置、壓力鍋、高能量微波爐等設備，致力追求「最先端次世代的濃厚」。

店主福永博昭先生理想中的「濃厚」，並不只是重口味的湯頭，或是油膩的濃湯。

湯頭內的稠度、風味、骨內精華等每項細節都有其堅持。因此製作過程中，骨量的增加、火力的增強、熬煮時間延長等，都造成勞動時間激增，而使體力不堪負荷。

預煮

以熱效率95％，10萬kg cal的高溫蒸氣裝置，在短時間燙煮豬頭骨。再用75℃的高壓高溫幫浦沖洗。骨頭自高湯鍋內撈起時，同時以水槍噴洗。

9年前藉由店址搬遷之際，購入多種高科技器具，使得作業減輕、勞動時間縮短，因而研發出多種濃厚豚骨拉麵。引進的高科技器具包括高溫蒸氣裝置、高壓高溫洗淨器、高能量微波爐等。

高溫蒸氣裝置可以在雙層構造的特製不鏽鋼湯鍋間以高溫蒸氣加熱。10萬kg cal的湯鍋，400L的水20分鐘即可煮沸。

以瓦斯器具的熱效率為35％為例，此高溫蒸氣裝置的熱效率高達95％。店內即以此裝置在60㎝的湯鍋內放入豬頭骨及其他骨頭加熱去血水。短時間內即可徹底去除雜質。由於高湯鍋無法徒手抬起，因此設有內網，以鏈條控制取出及投入作業。

加熱30分鐘後去除血水的豬頭骨，以鏈條拉起內網，以熱水沖洗。此時是利用高壓高溫幫浦加壓，以噴槍噴出75℃的強力水柱，約1分鐘持續沖洗豬頭骨表面黏著的雜質。

豬頭骨從12點開始熬煮，加入前日留下的湯頭後開始正式進行湯頭熬煮作業。去血水的豬頭骨，加入煮過的湯汁及少許蒜頭熬煮。

撈除以肉汁煮豬頭骨產生的浮油後，倒入準備階段湯汁內。將敲碎的豬頭骨也加入準備階段湯汁內。豬頭骨以肉汁熬煮可增加甜味及醇度。

接著在準備階段湯汁內，加入豬腳、背脂、以及由全雞熬成的雞白湯，加熱熬煮。

豬腳和背脂均用壓力鍋燉煮，可縮短作業時間。120隻豬腳分別以數個壓力鍋燉煮，大約4小時後即可加入準備湯汁內。

上述材料混合後，在高湯鍋內約熬煮2小時後，取出一半的湯頭作為備用。剩下的湯頭加入以高溫蒸氣裝置煮好的腿骨及豬腳後即可營業。一開店就進來的顧客也可立即提供濃厚湯頭的拉麵。

豬骨使用量上，以腿骨居冠，其次為豬頭骨。在提高甜味濃度上，全雞的使用比例也不少。添加以全雞熬煮的雞白湯，可有效消除豚骨的腥臭味。

目前日間不營業，營業時段為18時～凌晨2時30分。尚未使用高科技器具前，每日的前置作業至少需要花費16小時以上，現今只要從午後開始進行準備工作，即可趕上傍晚的營業時間。

此外，藉由微波爐完成湯頭上桌前的最後一道加熱程序，也使濃郁度大為提升。

點單後先在麵碗內加入醬汁及湯頭，再放進微波爐內加熱。微波爐為高於6倍家庭用的高效能3kw營業用機種。大約4分鐘即可加熱碗內的湯至半熱。如此濃厚的湯頭，過去以爐火加熱至3分之2熱度時，經常會產生燒焦的情況。目前店內設有高效能

湯頭的作法

將以前日煮肉的湯汁煮好的豬頭骨敲碎，加入前日預留的湯頭。

接著加入以壓力鍋煮過的豬腳。

以煮叉燒肉片用肉汁熬煮豬骨（照片右），撈除浮在表面的透明油脂，過濾好的高湯要加入準備階段的湯頭內。

將利用高溫蒸氣裝置燙熟豬頭骨以外的骨類（參考65頁）加入熬煮。

加入以壓力鍋煮好的背脂。之後再加入用大量全雞熬煮的雞白湯，完成後取出的即為備用湯頭。

營業時還要加入豬腳與腿骨。營業期間隨時添加備用湯頭作口味調整。

微波爐6台，點單量大時，甚至必須全部啟動。因此店內也特別重視用電安全，並設置各項防護系統。

店家網頁上描述的「自然界中難以超越的極致濃厚拉麵」——「富士山」，先將全雞熬煮的凝固雞白湯以微波爐融化，再加上醬油醬汁、背脂、超濃厚豚骨湯頭後再度微波加熱完成。1碗2100日圓，原價率50％以上。充滿話題性，成功吸引來自全國各地的拉麵迷及美食愛好者，一日甚至可售出20碗以上。相較於9年前的來客數已呈倍數成長，使用骨類也激增4～5倍。

叉燒肉片

五花、肩里肌、軟骨、豬腱等各部位精心製作出的人氣商品。

叉燒肉

肩里肌肉，在接受點單後以切片機裁切後鋪上。

五花肉不綁線滷煮，特別加強醬油醬汁。此醬汁也作為半熟滷蛋的滷汁使用。

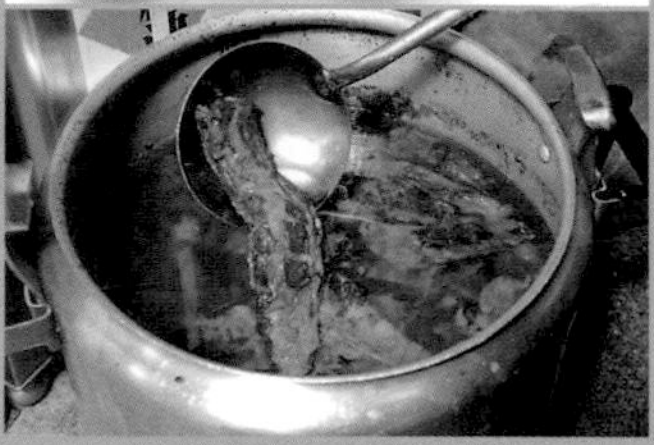

軟骨以壓力鍋悶煮3小時，冷藏1晚讓肉質凝縮後切塊。

叉燒肉片除了使用豬五花、肩里肌等一般部位之外，也利用軟骨、豬腱作為材料。為避免冷凍肉品獨特的味道進入湯頭內，所以選用生肉及低溫保鮮品。五花肉1日40kg、肩里肌1日30kg的進貨量才足以因應店內叉燒麵的高點單率。

五花肉與肩里肌肉都不綁線直接放入醬油醬汁內滷煮。因為沒有綁線，刻意增強醬汁鹽分，並以厚不銹鋼鍋的餘溫加熱。醬油份量為2升，為避免醬油香氣揮發，每日另加入2升醬油補充。

五花肉、肩里肌肉水煮後的湯汁不丟棄，用來熬煮預燙過後的豬頭骨，撈除上層油脂後，倒入準備階段的湯頭內。以此湯汁熬煮好的豬頭骨敲碎後，也加入準備階段的湯頭內。

滷煮叉燒肉的醬油醬汁不用於拉麵，而是作為滷煮半熟蛋的滷汁使用。豬腱子肉降溫後依1人份量分別真空包裝以防止氧化。

軟骨先以壓力鍋悶煮3小時，置於冰箱1晚後使用。豬腱部份同樣在煮好冷凍後才切塊。

肩里肌肉則在點單後以置於作業台上的切片機裁切。切好立即以微波爐加熱後鋪上。

不用滷煮叉燒肉的醬油醬汁作為拉麵醬汁，而以魚貝類的添加為主。另研發豚骨創作拉麵專用的PB醬汁。PB醬汁與醬油醬汁混合後用於豚骨拉麵，或是與其它調味料調製成為創作拉麵的醬汁。豚骨創作拉麵為期間限定商品，因此希望PB醬汁能作更廣泛的運用。至今已成功完成500項以上的創作商品。

麵體

招牌的切齒16號直麵。堅持以最佳狀態提供顧客，因此不接受麵軟硬度的個別要求。

沾醬麵使用添加黑小麥的極粗麵。

店內特別準備的黑小麥與全粒粉混合製成的細麵。使用於爽口系創作拉麵或涼麵上。

神奈川・川崎

新ラーメン丸子

- 地址／神奈川縣川崎市中原區新丸子東1-826
- 電話／無
- 營業時間／11時30分～14時、18點30分～23時
- 公休日／週二及每月第3個週一

以附乳化裝置的最新壓力鍋製作 香滑順口的濃厚湯頭

● **芳醇白拉麵　650日圓**

藉由以「白」命名來強調其特點所完成的乳白色豚骨湯頭。拜附乳化裝置最新壓力鍋之賜，才能完成如此精鍊的湯頭。上午9點開始準備工作，至11點30分開店即可備妥所有材料的驚人利器。濃郁滑順的口感，深獲年長者及女性顧客喜愛。

水＋背骨・肋骨＋雞頭＋豬舌・豬五花肉＋牛骨

如豆漿般的濃稠白湯，爽口卻有著紮實風味。香醇高雅的口味，連年長者都可輕易接受。多數顧客吃完麵後，會再加入白飯食用。此款豚骨湯，是完全利用附乳化裝置壓力鍋所製成的優異產品。

開業之際，宮越敏明先生的目標為一人也能完成所有準備工作的拉麵店，在準備開店時期，無意間接觸到可大幅縮短濃厚豚骨湯頭製程的最新壓力鍋。全程只需花費90分鐘即可完成湯頭，除了降低電費，使用骨量減少、殘骨產生的垃圾更相對減低。由於製作湯頭的作業縮短，使得有更多時間花在香油與配料上，甚至研發自製麵條。除了拉麵、沾醬麵外，店內多種特色單品也深受喜愛。

湯頭

約90分鐘完成 純白、無腥 卻濃郁香醇的豚骨湯頭。

「新ラーメン丸子」位於東京東橫線新丸子站徒步約5分鐘處。於1990年12月開幕至今。以距離最近的車站名稱命名，店內提供的「新拉麵」充滿話題性而備受矚目。

店主宮越明敏先生在開業準備時期即決定以壓力鍋（平和Leasing開發製品）作為製作拉麵的器具。

「新拉麵」也正是壓力鍋才能完成的作品。

沸騰後鍋內部即產生4道氣壓。此時將背骨5kg、肋骨5kg、雞頭3.5kg、豬舌2個、牛大骨1／2，不解凍直接加入後開火。沸騰後加壓20分鐘，調理45分鐘即完成。

完成後的湯頭，比一般以高湯鍋熬煮7小時更加濃郁。色澤如豆漿般純白，入口濃醇之外，飲用後則帶有清爽的後味口感。

湯頭

以背骨與肋骨為主，雞頭、豬舌、牛骨則不解凍直接加入後開火。

沸騰（20分）＋加壓（20分）＋調理（45分）即可完成。轉開開關（照片中綠色部分），可經由鍋中央看得見的3根管線將湯頭輸送至隔壁湯鍋。

完成後的純白湯頭。殘餘的骨頭已粉碎，只剩下約3分之1的份量。

嘗試多種材料後決定最後的組合。

不使用腿骨的原因，除了可抑制成本，也避免腥味產生。豬舌的添加則在於提升甜度，不使用蒜頭或生薑等蔬菜類，由於不添加也不會有腥味產生，加入後反而影響原本純白色澤。希望在口味上及視覺上都能符合以「白拉麵」命名的新型態拉麵。

熄火後轉開開關，利用壓力差即可將湯頭一滴不剩地送至旁邊的湯鍋內。壓力鍋開關內側接續3道管線，通過管線時，藉由湯頭與空氣的攪拌，產生強大的輸送力量，並且幾乎同時完成乳化程序。只要直接搬動蓋著鍋蓋的壓力鍋即可。

煮出的湯頭呈純白色，無腥臭味。以此少量的骨頭可熬製出60L的湯量。

為避免湯頭過度精緻化，另加入叉燒肉片用的豬五花肉熬煮。營業時段持續熬煮，約3小時後取出五花肉，浸入醬汁內醃浸。

配合豚骨的溫和口感，鹽味醬汁則添加柴魚類、香味蔬菜、白酒及清湯。沾醬麵使用的醬油醬汁，是在鹽味醬汁內另加入4種醬油調製而成。

以15kg的材料作業，經壓力鍋熬煮後殘留的骨量約5kg。用手輕壓即可粉碎。瀝乾水份後丟棄，大約只有半個水桶的垃圾量。

日間來客數多，湯頭幾乎沒有剩餘，但是由於只需90分鐘即可完成的湯頭作業程序，使得店內可隨時提供新鮮湯頭，在營業觀點上，具有極大優勢。水電費成本的節約，更不在話下。

此外，利用壓力鍋熬煮湯頭，只要確實掌握材料的份量與作業時間，鮮少出現失敗走味的情況。要特別注意的是壓力鍋無法攪拌，必須防止燒焦產生。

現今也推出「丸子醬油拉麵」（650日圓）。為使用清湯湯頭的拉麵，清湯湯頭同樣以壓力鍋製作。先拆下乳化裝置，放入雞骨、雞腳等材料，以極小火悶煮35~40分鐘即可完成。

叉燒肉片

使用切薄片與切花肉塊2種叉燒肉。

使用加拿大產的冷凍豬五花肉，因油脂略多，目前正檢討中。肉片與肉塊的表面以噴槍燒烤，烤出焦色及香味後鋪上。

配菜

可凸顯出爽口不膩的豚骨湯頭，兼具風味及口感的美味配菜。

配菜包括筍乾、滷蛋、叉燒肉片、海苔、蔥花。

筍乾使用具嚼勁的粗條筍乾。麻油

香油

橄欖油。以淡雅香味緩和拉麵湯頭的濃稠口感。

以沙拉油與柴魚製成，充滿魚貝風味的魚貝油。

專為搭配特製芝麻醬所研發出的辣油。

以自製雞油與豬油調製而成。

● 丸子沾醬麵 800日圓

色澤與粗體麵條均引人注目。麵為使用全粒粉及麥麩的自製麵。形狀為切齒10號的平打麵。使用與拉麵相同的豚骨湯頭，搭配魚粉與醬油醬汁調製而成的沾醬。沾醬中的酸味則是來自新鮮檸檬。以水果酸味凸顯麵的小麥風味。配菜方面，有斜切的白蔥花、火烤肉片、滷蛋與粗筍乾。稀釋用的高湯則備有昆布高湯。強調清爽的和風口味，不少客人甚至可以喝完全部醬汁。

風味。半熟蛋是以叉燒肉片的滷汁醃浸而成。

叉燒肉片選用豬五花肉製作。煮後醃浸於甘味醬油醬汁內。國產豬做成的肉片肉質過軟，改用匈牙利產豬肉，卻又因為腥味重，再改成目前使用的加拿大產肉品。然而其肉質油脂含量高，目前仍在檢討考量中。在提供前，會先以噴槍單面燒烤肉片以增加香度。

名稱「赤拉麵」的担担麵風拉麵中的叉燒肉是使用刻花肉塊，同樣在提供前以噴槍火烤。

蔥花使用白蔥輪切，泡水增加清脆口感後添加。沾醬麵由於使用平打麵，為使與麵體更佳融合，則改用斜切方式提供。

香油方面，由雞油與豬油調製而成。雞油以雞皮水煮提煉。豬油則以背脂絞碎後火烤榨取。「白拉麵」添加的為橄欖油。

沾醬麵與「魚介風拉麵」（650日圓）中添加的是柴魚以油煉製成的魚貝油。「赤拉麵」則加入特製辣油，白湯中淋入紅色辣油呈現強烈的視覺美感，是自豪的作品之一。

麵體

女性偏好的滑順口感與充滿健康概念的麵體，均為店內自製研發。

「拉麵」使用直麵。含水38％的滑順Q彈麵體。自家製作，堅持使用國產小麥為主要原料。

切齒20號的中粗麵條，1人份160g。水煮時間約2分鐘，當初曾經採用手工擀麵，但是效果不佳所以放棄。

相對地在沾醬麵麵體的選用則具強烈風格。

沾醬麵採用切齒20號的平打麵。在全粒粉內加入黑麥磨粉，富含食物纖維與礦物質，是充滿健康概念的麵條。1人份230g，水煮時間6～7分鐘。

為提升沾醬麵用麵體的小麥芳香，在沾醬內不加醋改以檸檬片替代。果實酸味與麵體的融合度更為理想。

沾醬麵的沾醬由醬油醬汁與豚骨湯頭調成，另添加魚粉及魚貝油。魚粉為單一鰹魚粉，故更具清爽感。

1人獨立完成全部作業程序，能完成如此多項繁瑣的細部調理研發，全因利用最新壓力鍋，大幅減少因熬煮湯頭所需的人力及時間所致。

麵體

拉麵用麵條，以國產小麥為主，含水38％的直麵。切齒20號，1人份160g。

沾醬麵專用麵條，以全粒粉添加麥麩製成的平打麵。麥麩中使用2種類小麥磨成，散發獨特麥香。

京都・一乘寺

ラーメン荘　夢を語れ

■ 地址／京都府京都市左京區一乘寺西杉之宮町48-1
■ 電話／075-724-5995
■ 營業時間／11時～15時、18時～24時（週日11時～17時）
■ 公休日／週一
■ http://yumewokatare.pod2.biz

講究豚骨「肉的美味」及「骨感」的湯頭與粗麵的完美組合

● 豚拉麵　650日圓

店內的經典商品，200～250碗即售完。麵量以300g為基本，另備有400g的大碗份量，近4成來客均要求「大碗」。店內人員詢問「要不要加蒜？」時，可一併告知加蒜與否、蔬菜及背脂是否增量等要求。湯頭以腿骨、背骨、背脂熬製而成，未經乳化為其特徵。叉燒肉片選用豬腿肉與五花肉2者搭配組合。醬汁中的醬油為當地京都產為主。

腿骨・背骨＋背脂・豬腿肉・豬五花肉＋高麗菜＋水

「ラーメン荘　夢を語れ」是關西地區首家「二次郎系拉麵店」，開業於２００６年10月。店主・西岡津世志先生曾於東京・赤羽「ラーメン二郎（現・富士丸本店）」，以及其分店「ラーメンマルジ（現・富士丸西新井大師店）」具有豐富經驗。

創造驚人味覺及視覺的拉麵。成功製造話題，開業半年即成為大排長龍的人氣店。２００９年於京都開設「ラーメン荘　地球規模で考えろ」，以及２０１０年８月開幕的大阪・下新「ラーメン荘　歴史を刻め」分店。在東京的「立川拉麵會館」中則以期間限定設立「ラーメン荘　その先にあるもの」的臨時展售店面。（２０１０年９月23日起１年）。２０１１年９月，於美國波士頓預定分店開幕。

湯頭

不經乳化，也不刻意講究濃度，以呈現麵條完美口感的濃厚豚骨拉麵。

「ラーメン荘　夢を語れ」湯頭的最大特色在於同樣使用腿骨、背骨、背脂等材料，卻不經由乳化而製成的豚骨湯頭。為避免京都居民的排斥，刻意不強調豚骨獨特的腥味及濃稠感。目標置於追求「肉的美味」及「骨質精髓」，食用時各種材料的雜味感，凸顯出「吃到東西」口感的特殊湯頭。

不經過乳化的另一項原因在於每碗基本「拉麵」的麵量高達３００g之故。麵條特色並非滑順可快速吸入的麵體，而是需要大口咀嚼的麵條。不同口感的麵條加上超大份量，為使顧客可以品嚐同樣美味至最後，因而不採用可能造成過於膩口的乳化式湯頭。

為使湯頭不乳化，最困難莫過於火侯的控制，西岡先生表示。因此必須隨時注意防止溫度過高，為了避免熬煮大量材料時極易產生的燒焦狀況，必須不時攪拌鍋內鍋內材料，卻又得顧及過度攪拌可能造成乳化現象。因此攪拌方式及時間點均要掌握訣竅及下足工夫。

湯頭製作，使用補充用、準備用、營業用等３只高湯鍋。

準備用湯使用的是口徑51cm的高湯鍋，從上午９點放入腿骨20kg與高麗菜後開始熬煮。到下午４點，加入背骨20kg，晚上11點加入背脂15kg，一直熬煮至12點關店為止。最先加入的腿骨是最難熬出高湯的，最少需要15個小時。

第二天上午，首先從準備用的湯鍋內取出背脂。瀝乾後醃浸至醬油內，作為配菜用的背脂。

將湯頭移至補充用湯鍋內，在只剩骨頭的準備用湯鍋內加水，取出骨

湯頭的作法

營業用湯頭

營業用湯頭是將腿骨、背骨、背脂採用以時間差分別控制熬煮時間的方式製作，每間隔1小時添加1kg背脂。雖使用大量背脂，但不使其乳化為其特徵。完全沒有豚骨腥味。

補充用湯頭

將準備用湯鍋完成的湯頭移至補充用湯鍋內，仔細撈除上層浮油及雜質即完成。點單後豆芽菜及高麗菜的燙煮也是在此作業。營業用湯頭一旦減少，則由此處移入。

湯頭的作法

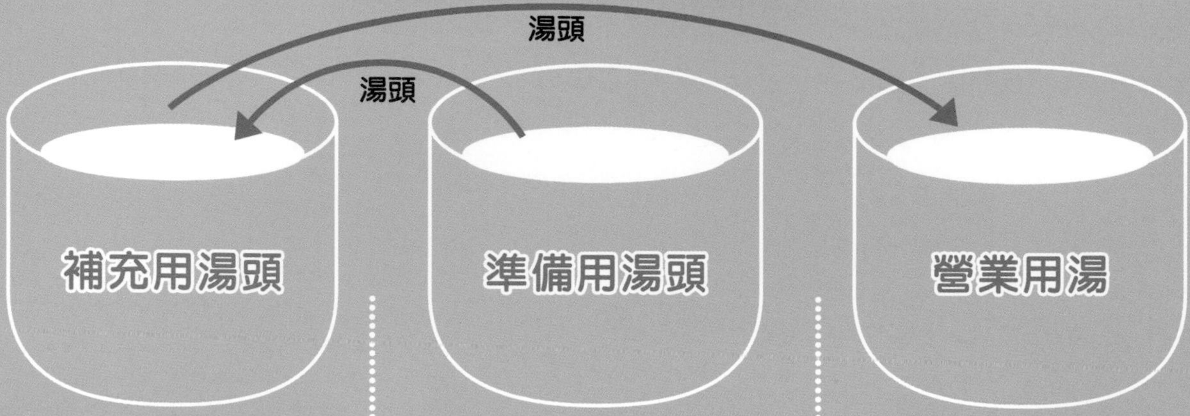

9點前將準備用湯頭移至補充用湯頭的湯鍋內。

仔細撈除湯鍋上層的浮油。此油脂即為補充用的液體油。

接單後開始燙煮高麗菜與豆芽菜。高麗菜先放入湯頭內，因為要燙較長時間。

備妥營業用湯頭、準備用湯頭、補充用湯頭等3只高湯鍋，在營業中也可進行準備工作。營業用湯頭內放入已完成的叉燒肉片用豬五花肉及前腿肉以增加肉質感，背脂則可使湯頭增添香醇甜味。

上午9點加入腿骨與高麗菜後開始熬煮。下午4點加入背骨，晚上11點投入背脂。持續加熱至晚上12點的湯頭熄火，放置至第二天上午的狀態。

上午取出背脂瀝乾。此即為配菜用背脂。

準備中的湯頭移至補充用鍋之後加水，並取出腿骨及背骨。仍殘留髓質的腿骨則移至營業用湯頭的湯鍋內。

9點加入腿骨與高麗菜開始熬煮。從這個步驟開始，與最開始的作業程序相同。

早上7點開始準備的階段，已完成一半的湯頭狀態。必須在11點開店前完成。7點開火加熱至沸騰後先熄火，到9點30分時再度開火。

逐一檢查腿骨內骨髓殘留的情況。將髓質已完全釋出的腿骨、背骨、及沉在鍋底的骨粉撈除。

將營業用湯頭與準備用湯頭加入仍含有髓質的腿骨混合。

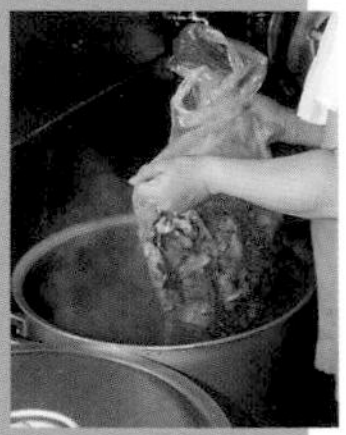
加入生腿骨。

加入叉燒用豬前腿肉與五花肉，煮1～2小時。

將煮過的背脂加入昨日湯頭內。之後觀察熬煮情況適時放入生背脂。大約是每隔1小時放入1 kg。

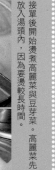

頭。逐一檢查骨頭，若還有殘留骨髓的腿骨，則放入營業用的湯鍋內。從這個階段再開始重複前述9點加入腿骨20kg及高麗菜熬煮的作業程序。

營業用的高湯鍋，在早上7點時已完成大約一半作業。煮沸後先關火，取出腿骨與背骨。挑出仍殘留髓質的腿骨，與從準備用湯鍋中取出殘留髓質的腿骨一起加入營業用湯鍋內。9點30分再度開火，並加入5kg生腿骨。

10點鐘加入叉燒肉片用的豬五花肉及前腿肉，煮約1～2小時。藉由叉燒肉片用肉的添加，可使湯頭增加肉感。以6位客人1kg計算，在營業時段隨時掌握情況，調整湯頭味道。煮好的豬五花肉及前腿肉則需在醬汁內醃浸1個半小時。

接著加入昨日取出的背脂，每間隔1小時再加入1kg生背脂。店內稱此背脂融化後的油脂為「液體油」，添加於湯頭內，具有提升醇度及甘甜的重要效果。

補充用湯頭，正如其名是作為補充營業用高湯鍋內的湯頭之用。配菜的豆芽菜與高麗菜也是在此補充用湯內燙煮，含有蔬菜甘甜的湯頭最後則會移入營業用高湯鍋內。

此外，為避免影響燙煮蔬菜的口感，營業前要將補充用湯頭上的浮油和雜質仔細撈除。這些油再作為補充用的「液體油」。

背脂・液體油

2種可提升湯頭濃醇與美味的背脂使用方式。

店內在調味上，「背脂」與「液體油」位居重要地位。兩者均具有使湯頭增添濃度與深度的效果，同樣的背脂，因應不同的目的則有不同的處理方式。

當顧客要求「多油」時，店家會加入多量作為配菜用的「背脂」。其製作方式是利用熬煮腿骨與背骨所形成的準備用高湯中，加入生背脂，從晚間11點開始加熱煮至營業結束時間12點。第二天上午，取出背脂以粗網瀝乾，加入醬油醃浸後使用。

另一方面，所謂的「液體油」是指在營業用湯頭內加入背脂，加熱融成液狀的油脂。將「液體油」與湯頭一同注入麵碗內，可提升湯頭的油香。

大約在營業開始的45分鐘前，將昨日的背脂加入營業用湯頭內，開火加熱。之後每隔1小時加入約1kg左右的生背脂。

生背脂煮至液狀需要花費長時間，萬一在營業時段不夠使用時，可先以浮在補充用湯頭上層的油脂代替。

背脂

以粗瀝網將湯內煮好的背脂撈起，醃浸於醬油內。不是加在湯內，而是作為配菜使用。

液體油

利用營業用湯頭將背脂煮至液狀而成的液體油。照片中為從補充用湯頭取出的油脂。

麵體

非細滑麵體，充滿咬勁的口感是最大特色。

並非一般拉麵使用的細滑、可大口吸入的麵條，而是充滿咬勁、Q彈的「咀嚼麵體」。委由京都麵屋栗鄂特別製作。

僅使用小麥粉為材料，含水率為29%～30%。特別的裁切方式與刻意降低麵的密度，呈現Q韌口感。此外，使用前先在店內靜置1日，減少水份以增加紮實感。

「豚拉麵」的麵條份量為300g。「大・豚拉麵」則重達400g，顧客中約4成選擇「大」份量。

麵體

照片中麵的重量為300g。以高筋麵粉製作。水煮時間約3分鐘。

福岡・春日

一龍

- 地址／福岡縣春日市岡本1-5
- 電話／092-591-5501
- 營業時間／〔週一～週五〕11時30分～15時、〔週六〕11時30分～16時（湯頭售完為止）
- 公休日／週日、國定假日
- http://takatagakuseiryou.com

溫和順口的豚骨拉麵中 自家種植的菜乾、蔥花更添美味

● 白拉麵　550日圓

僅以腿骨熬成，白濁濃郁的湯頭，香濃不帶腥味。使用4只高湯鍋製作，確實控制濃度。蔥花及置於桌上的辣菜乾等，均來自自家菜園內種植的無農藥蔬菜。

● 黑拉麵　550日圓

4年前推出的產品。淋上麻油的熊本風拉麵。麻油的添加使得湯頭表面呈現黑色澤。考量麻油添加後的味道，湯頭的調配較「白拉麵」略淡。

前日的湯頭＋腿骨＋剩餘叉燒肉＋水

由高田龍三先生創業於1967年。為長年人氣店家，現今由四男祥裕先生繼承，創新口味的加入，使其維持不敗地位。FBS九州拉麵票選活動中，連續3年入選前50大，分別名列第12、4、6等出色名次。只用腿骨熬出的湯頭，不僅濃郁也極為順口。店內使用與福岡市人氣店家「博多　新風」相同麵條。「博多　新風」的店主・高田直樹先生為祥裕先生之兄。雖然是細麵卻不易軟爛，可以充分享受豚骨湯頭到最後。

另外也經營學生宿舍，餐食中的米飯、蔬菜均來自自家農園的無農藥栽培作物。店內也使用同樣蔬菜。從播種開始栽培的蔬菜，經3年醃漬而成菜乾。是以充滿自信的「安心」食材，加上合理的價位，所完成的幸福拉麵。

叉燒肉片

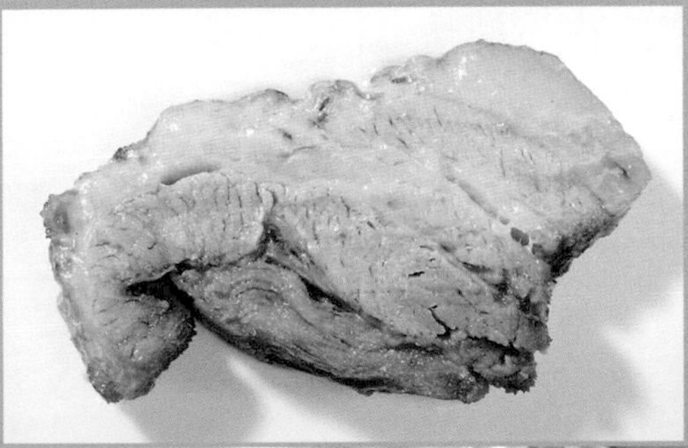

五花肉不綁線直接滷煮。先將表面煎乾，鎖住肉汁後再以極小火連續加熱6個小時。

叉燒肉片

同時運用於單品料理及咖哩上，表面先乾煎後再進行滷煮。

叉燒肉以五花肉為材料製作。製作時不綁線，開始先以平底鍋將表面略煎乾。這樣可鎖住肉汁保持鮮嫩，之後再浸入醬汁，以小火滷煮。

蓋上蓋子以小火加熱6小時，直至油花部位軟爛。滷好的肉非常柔軟，無法立刻使用，需冷藏讓肉質緊縮後才能切片。

冷藏後的肉質雖然變得較為緊實，但是油花部位仍然非常柔軟，只能切出1㎝左右的厚片，總共放置2片。

叉燒肉片除了作為配料外，也運用在店內多種料理上。

在單品料理方面，在鐵板先鋪燙豆芽菜再放上肉片，並淋上果醋及柚子胡椒即成「鐵鍋紅燒肉片」（450日圓）。肉片與味噌湯、白飯則是組合成定食（550日圓）。

另外，也可運用於咖哩料理。以叉燒肉片與豚骨湯頭來製作的咖哩（550日圓）已成為店內知名的隱藏招牌商品。

除此之外，如後述在豚骨湯頭內添加肉片，可提升湯頭醇度，成為熬煮腿骨時的理想輔助材料。

滷煮叉燒肉片的醬汁，必須去除表面油脂，並加入適量醬油等調味料調製。

此醬汁與拉麵用醬汁不可混用。拉麵用醬汁是以九州醬油添加昆布、柴魚，不使用任何調味料製成的專用醬汁。

湯頭

加入完成的叉燒肉調整出湯頭理想濃度後才算大功告成。

湯頭的原料僅有腿骨。目標在於製作純正濃郁的湯頭。高田祥裕先生之前也曾以背骨、肋骨搭配熬煮，最後發現僅以腿骨單一材料製作出的湯頭味道最令自己滿意。

腿骨在前日進行前置處理。先以大火燙煮後再清洗乾淨。徹底清除黏在腿骨上的血塊及雜質。因為這些成份即是造成湯頭腥臭、渾濁的原因。洗

湯頭的作法

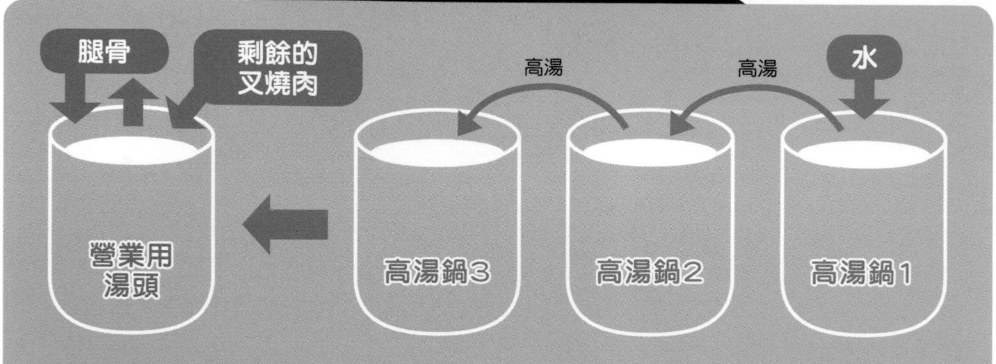

湯頭的材料僅有腿骨。前一天先以大火燙煮，清淨雜質後置於冷藏保存後使用。

以高湯鍋1的湯頭，加入腿骨熬煮。隨時注意不能讓骨頭燒焦。

將高湯鍋2煮好的湯頭倒出6成。以此湯頭加入新的腿骨繼續熬煮以提高濃度。

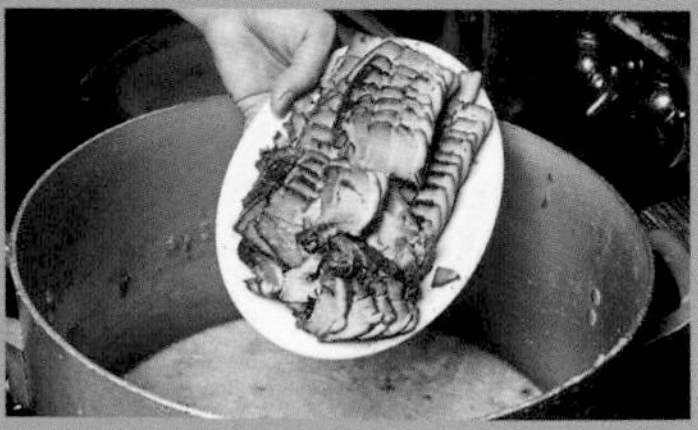
早上，取出骨頭後再加入新骨，並添加叉燒肉調整味道後供營業使用。高湯鍋3也會加入肉片調味。

淨後的腿骨置於冰箱冷藏保存，待至隔天使用。

製作湯頭共計4只36cm的高湯鍋。

煮好腿骨的湯頭即移至下一個湯鍋，加入骨頭後再繼續熬煮。完成後再移入另一個湯鍋，再加新骨熬煮，使得湯頭逐漸變濃。

右圖的高湯鍋3，大約剩7～8分滿的量。這是前一天已經過10個小時以上的熬煮過程，將腿骨留在湯內放置至隔天上午的狀態。

到了上午取出骨頭，倒入6成前一天完成的湯頭，再加入新骨熬煮約1小時即可開始營業。

腿骨不必切割，直接加入。切割會使苦味容易釋出，也是造成燒焦的原因。

不刻意攪拌，以避免骨頭碎裂造成燒焦原因。

由於不切割腿骨直接熬煮，完成時間會增長，大約需要花費12個小時左右。

此外，不加入生薑、蔥等一同熬煮。開始加熱時，要仔細撈除雜質。此道作業會使腥臭味消除，因此不需另行添加蒜頭等香味蔬菜來去腥。

店內希望拉麵的價位平實低廉，因此不刻意要求骨頭產地或是著名商品，以進貨容易的材料為主。

另一方面，以叉燒肉片作為湯頭味道的調整用料。是「一龍」的特色之一。叉燒肉片以五花肉製成。五花肉的油花較背脂的油性佳，可為留在口中的口感加分。

此外，叉燒肉質熬出的高湯，也可添加湯頭風味。由於叉燒是由醬汁滷製而成，其滷汁多少會溶入湯頭中。叉燒的滷汁並沒有用在拉麵醬汁裡，而只是將完成後的肉片加入，因此加入肉片熬湯，也有間接利用滷汁的效果。

要加入多少肉片量，須以當天湯頭的味道決定。根據湯頭的濃度及醇度不同，有時準備用的湯鍋3也須加入肉片調味。

麵體

切齒28號的極細麵。29%的高含水率，使得口感紮實，倒最後都能充份享受麵的Q彈口感。

叉燒肉片加入前先剁碎，熬煮至肉片幾乎化至湯頭內。

由於需要加入肉片調整湯頭味道，因此每日須準備多於拉麵使用量的叉燒肉片。

「黑拉麵」需淋上麻油，所以湯頭不可太濃，相反地，「白拉麵」則要加入最濃部份的豚骨湯頭。湯頭的濃淡則由各湯鍋內湯頭的色澤來判定。

麵體

不易軟爛到最後一口都能充份享受麵的口感，切齒28號的細麵。

麵條選自福岡市的超人氣店「博多新風」。是店主的兄長高田直樹先生的店。

切齒28號麵體，與一般的博多拉麵細麵相同。只是含水率29%，較博多拉麵含量略高。

口感滑順為特徵。特別添加蛋白粉以及麵包專用高筋麵粉，使細麵不易軟爛，食用到最後一口都能保持麵條的彈性。

「極細麵開始吃時的口感很好，但是因為麵體細，中途就容易變得軟爛黏牙」，店內即以克服此難題為目標，開發現在的麵體。顧客不必因為顧及細麵而需請店家煮硬一點。「白拉麵」與「黑拉麵」都使用相同細麵。1人份100g，水煮時間60秒。

辣高菜

由自家農園栽種的高菜製成。以鹽、辣椒、胡椒醃漬3年而成。洗去鹽分後以麻油、辣椒調味後即成。

配菜

蔥、高菜均為自家農園所栽種。醃高菜則是自家醃漬3年的成品。

置於桌上自行取用的辣高菜為自家特製。

高菜更是出自自家農園所栽種。創業者高田龍三先生利用從種子開始培育的高菜，自行研發出以鹽、胡椒、辣椒等醃漬而成的高菜乾。醃漬3年經過去鹽再以麻油、辣椒調味而成。有顧客用作白飯的配菜，也有人大量加入拉麵中食用。

此外，拉麵內的蔥花也是自家種植。是以煮過的豚骨作為肥料培育而成。店內白飯則是自家水田種植的稻米。

蔬菜全部採無農藥有機栽培。由於同時經營學生宿舍，必須準備晚餐，因此店內營業時間至下午3點止（週六為4點）。

宿舍內學生的餐食、米飯同樣來自自家栽培。來自自家農園的「安心」食材，是「一龍」無人能及的魅力所在。

東京・西早稻田

ones ones

- 地址／東京都新宿區大久保2-2-16
- 電話／090-8492-4843
- 營業時間／11時～16時、18時～22時　無休

豬頭的「美味」與「香醇」完美融合出的深度豚骨湯頭

● 什錦蔬菜沾醬麵　850日圓

添加大量高麗菜、豆芽菜、叉燒肉丁，來店8成的客人必點的招牌商品。濃厚豚骨湯頭內帶有魚貝風味，辣椒與胡椒的刺激更加凸顯獨特口味。自製粗麵，普通200g，中碗300g，大碗400g均為相同價格。開業時也推出拉麵，現今僅提供人氣最旺的沾醬麵。店內菜單除了照片中的「沾醬麵」750日圓，搭配火烤肉片的「肉片沾醬麵」900日圓。另外，100日圓的「山芋」及20日圓「檸檬」單品也是人氣配菜。

湯頭的材料

水＋豬頭骨・背骨＋背脂・豬五花肉＋補充高湯

翁和輝先生曾開設北九州市的熱門拉麵店「ちゅるるちゅーら」（現在由兄長經營），轉戰東京後於2009年9月再度成功創立人氣拉麵店「ones ones」。絕佳嚼勁的自製粗麵搭配濃厚的豚骨魚貝沾醬，是目前熱門話題的沾醬麵專賣店。其中又以放滿豐富燙蔬菜的「什錦蔬菜沾醬麵」最受歡迎，是學生、上班族客層眼中的超人氣商品。

店內最大魅力來自於翁先生將長年累積的經驗充份活用，研發製作出完美呈現豬頭骨才有的美味與濃郁口感湯頭。不添加魚貝系材料，而以藉由含有魚粉的香味油來呈現獨特風味。口味雖屬豚骨魚貝類，主軸則以豚骨湯頭引出的濃郁口感為主。

湯頭

利用熬煮時間變化所產生質的差異，所完成兼具美味與深度的湯頭。

「ones ones」將以豬頭骨為主體的豚骨湯頭，經由「準備鍋」與「完成鍋」2只湯鍋進行熬煮作業。大致流程如下所述。首先以準備鍋熬煮預燙後的豬頭骨，中途添加背脂，連續加熱9個小時。

接著將熬好的湯頭與一部份骨頭移至留有前次湯頭（前次的骨頭已撈除的狀態）的完成鍋內。在加入背骨後熬煮1個半小時，即完成營業時可使用的湯頭。

開始進行熬煮作業中值得一提的是，豬頭骨並非一次全部熬煮，而是分為4次加入。

錯開時間的理由在於從豬頭骨中熬出的高湯會因為加熱時間長短而產生質的變化。最初的3～4小時，翁先生稱之為「強烈的美味」，是入口能瞬間感受的美味口感。之後熬出的則是湯頭的「深度」。

翁先生妥善利用因為熬煮時間湯頭所產生的變化，巧妙融合「美味」與「深度」，完成具厚重口感的完美湯頭。

共計使用26個豬頭骨。一開始熬煮的8個頭骨作為湯底。沸騰熬煮4個小時後，添加水及7個頭骨則用來熬

沾醬的作法

濃縮湯頭　營業用湯頭

1 接受點單後，依比例將營業用湯頭2及精燉後的濃縮湯頭1於小鍋內調合。比例根據湯頭的實際情況微調。

2 開火，加入含有魚粉的香味油。調合後加熱即可將魚貝風味溶入湯頭內。

3 麵碗內加入醬油醬汁、白、黑胡椒、泰國產辣椒、砂糖、洋蔥丁。醬汁身負調整鹽分的重任，具有活化湯頭的效果。

4 注入沸騰的2號湯，「什錦沾醬麵」上的高麗菜與豆芽菜都是在點單後才開始燙。湯頭一碗份量為180ml。

5 放上叉燒肉丁與蔥花，最後再淋上香味油。叉燒肉是先以湯頭燙熟後再以醬油醬汁滷製而成。

湯頭的作法

湯頭移至完成鍋內，繼續熬煮

5 將以「準備用鍋」煮好的湯頭移至「完成用鍋」

將湯頭移入內有前次熬煮好、補充用剩餘湯頭的「完成用鍋」內（前次的骨頭須先撈除）。移入前先將表層的浮油撈除。豬頭骨因為還殘留腦髓先移開，其他的骨頭則丟棄。

6 加入背骨，仔細攪拌後熬煮1個半小時

加入可在短時間內熬出高湯的背骨，再熬1個半小時。最初15分鐘一次，最後的30～40分鐘則儘可能均勻攪拌。照片右為即將完成的湯頭。

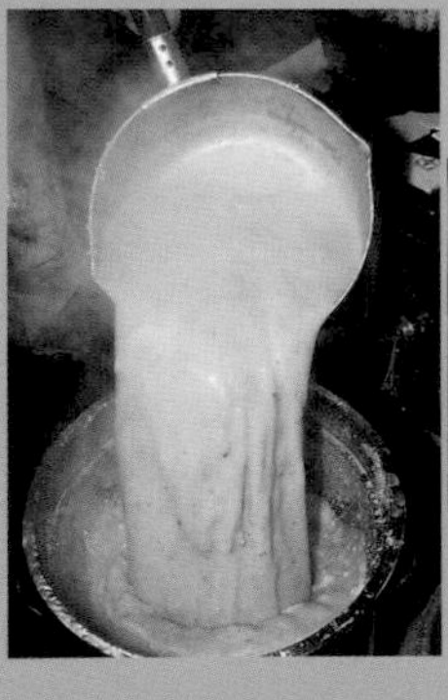

7 瀝出營業用份量

不需全部過濾，只瀝出營業用所需份量。擠壓骨頭讓湯汁完全釋出。湯頭2天準備一次。

8 取部份瀝好的湯頭燉煮

取出部份步驟7中瀝好的湯頭倒入鍋內，加入前日營業用湯頭及剩餘的濃縮湯頭再度燉煮，製作濃縮湯頭。

豬頭骨的前置處理

將26個豬頭骨煮20分鐘後以水洗淨

以水煮去除雜質。直接用生骨較難控制味道，因此也具有篩選的目的。

以準備鍋熬煮

1 湯鍋內放入8個豬頭骨與水，以強火熬煮

1小時後，將叉燒用豬五花肉分2次，各煮90分鐘。第2次加肉時並補充水量。

4小時（沸騰後）

2 追加放入7個豬頭骨，並補足水量

最初的8個豬頭骨作為湯底之用。此階段再加入7個豬頭骨則用來熬出濃度。豬頭骨經由熬煮時間改變會產生高湯質的變化。

3小時（沸騰後）

3 追加放入9個豬頭骨，並添加3kg背脂

加入的9個豬頭骨及背脂可增加入口時的瞬間美味度及甘甜味。完成後希望保持背脂的形狀，因此選擇在此階段加入。

仔細攪拌。其間再加入2個豬頭骨

從步驟3開始，豬頭骨會開始碎裂，為使高湯充份釋出，必須仔細攪拌。材料投入待湯頭再度沸騰後，加入2個豬頭骨。

1～1.5小時（沸騰後）

4 確認高湯釋出情況後即完成

熬煮作業完成後，舀起湯頭倒下，依照濃稠度及色澤判斷是否成功。骨頭如果碎裂過度，在完成鍋內就無法熬出良質高湯，因此要特別注意不要熬煮過頭。

出濃度。

沸騰後再煮3個小時，加入的9個頭骨及3kg背脂的任務則是熬出「美味」。為追求上桌時能讓客人感受新鮮的「美味」，最後再追加2個豬頭骨熬煮。

會選擇頭骨作為主要材料是因為腿骨必須長時間熬煮才能取得高湯，對於只有2口爐火的廚房而言，作業上相當困難。店內為達到湯頭無骨腥臭，又避免高湯過度蒸發，因而採用先去除骨上雜質而後熬煮的方式。

第3次添加頭骨作業中，一同加入的背脂，為了使湯頭完成後仍能保有形狀，背脂的加入時間點非常重要。背脂一旦溶解乳化後會使湯頭濃度大增，然而翁先生並非想提升濃度，而是目標於背脂能產生的「強烈美味感」。希望藉由背脂殘留的形狀，讓顧客更能具體感受其美味。

將準備用鍋煮好的湯頭及仍可使用的豬頭骨移入完成用鍋內。豬頭骨能否繼續使用的判斷基準，在於腦髓是否殘留。

此外，準備用鍋內的骨頭如果過度碎裂，會造成完成鍋內的湯頭濃度無法提升。因此，即使尚未達成目標濃度，也要將骨頭移除。

完成鍋內加入較無深度，但卻可短時間內熬出高湯的背骨，具有增加即效性的美味作用。完成鍋內以前次熬煮好的湯頭為底再補充至適量製作。

熬出濃厚高湯的重要步驟在於，從第3次豬頭骨的加入，一直到最後的製作程序中的攪拌作業。

翁先生不刻意弄碎骨頭促使高湯釋出，而是藉由攪拌動作，使其自然碎裂而逐漸產生濃度。特別是在湯頭移入完成用鍋後的1個半小時內必須頻繁攪動，直到最後的30~40分鐘為持續不停攪拌，使骨頭全部崩解。移入完成用鍋的湯頭，隨時間產生的色澤與味道變化，即代表優質高湯的釋出。

翁先生表示，此種湯頭的製作流程，另一項好處在於即使第1天只完成至82頁的步驟2，第2天仍可以從步驟3接續製作，對湯頭風味幾乎不會產生任何影響。

因此可以依照實際狀況做應變，也能降低體力的負擔。對於目前正考慮開設分店的翁先生而言，研發一套每個人都能掌握的湯頭製作流程是相當重要的。

沾醬麵的湯頭濃度必須比湯麵高。因此從完成的湯頭中濾出當天營業所需份量後，取出一部份熬製濃縮湯頭。沾醬醬汁，即是以此濃縮湯頭1與濾出的營業用湯頭2的比例調合，以小鍋加熱並加入香味油調味。

香味油・麵體

散發濃縮美味，獨特的魚類鮮甜，添加魚粉的自家特製香味油。

香味油中添加的魚粉使鮮味更加凝縮。如前文所述，在接受點單後才以小鍋加熱湯頭與香味油，讓魚貝風味充份移轉至湯頭內。魚粉是以鯖節、宗太節、枯本節等3種類別調製而成。為避免湯頭內味道過於複雜，在調合比例上以鯖節與宗太節為主體。相較於在麵碗裡調合，不如以熱湯注入較能釋放風味。

作為基底的油是以水煮背脂，待其溶成液狀後取出的油脂，加上小火加熱雞皮產生的雞油，以豬7、雞3的比例調和而成。藉由豬與雞兩種油脂的併用，讓兩者的美味產生加乘效果。沾醬醬汁在完成後也要淋上香味油。份量則依顧客的年齡及習慣作調整。

充滿咬勁的粗麵也是出於自家製麵。為提供現作的美味，店內麵條幾乎都是翁先生每天上午現場製作。材料為麵粉、水、鹽、鹼水、海藻糖、粉狀植物性蛋白（補充彈性的副食材）。高度彈性的秘訣在於麵粉的選擇，店內特選熊本製粉的「仙水峽」、日清製粉的「高筋粉」及「麵遊記」等3種類別混合製作。

自家製麵

混合3種小麥粉製作，以14號切齒裁切的強韌粗麵。每天上午揉製，提供當日使用。

香味油

店內特製香味油中添加鯖節、宗太節、枯本節等魚粉，以強調魚貝風味。基底油（照片下右）則是由基皮與背脂榨出的油調製而成。

山藥泥

添加於沾醬內食用，珍貴的加點配料。山藥的黏稠可使麵與湯汁更加完美結合。

東京・池袋

東京とんこつラーメン 屯ちん 池袋本店

■ 地址／東京都豐島區南池袋2-26-2 1樓
■ 電話／03-3987-8556
■ 營業時間／11時～翌日4時
■ 全年無休
■ http://tonchin.foodex.ne.jp

巧妙引出醬油風味 遠勝視覺的清爽豚骨湯頭

● 拉麵（㊢入） 900日圓

多量背脂，看似濃稠，入口後卻能充分感受深厚的醬油風味，爽口不油膩。以「東京豚骨」命名，開業於1992年。菜單中的（㊢入）為「拉麵」另付250日圓可增加叉燒肉片2片、調味蔥絲、水煮蛋半顆等配菜，是店內人氣商品。

● 魚豚拉麵 680日圓

五年前首次以限量商品形式推出，廣受好評後已成為店內固定商品。使用濃口醬油的滷汁與柴魚油搭配而成。麵條為自家製直麵。筍乾則使用穗先筍乾，這款「拉麵」不論是外觀與口感都相當與眾不同。18年前開業時，麵的份量分為大碗（240g）・中碗（180g）・一般（120g），三者均為相同價格，目前「魚豚拉麵」仍採相同方式提供。

水＋背骨・肋骨・腿骨＋雞腳＋背脂

位於東京23區內拉麵激烈戰區的前線位置，自從1992年開業以來，始終能獲得年輕客群的青睞。在新拉麵店家不斷增加的情況下，店內排隊人潮依舊。乍看湯頭上浮滿的背脂，似乎顯得濃膩，實際品嚐後卻意外地爽口。出色的醬油風味，可使人從頭至尾不覺膩口，打破豚骨拉麵只能「偶而吃」的既定印象。追求製作讓人「每天」都會想吃的豚骨拉麵，是店內始終不變的堅持，而「東京豚骨拉麵」也確實達成目標。

實際情況中，連日來店的熟客為數眾多。從1992年開業以來，店內麵量大碗・中碗・一般，均以同樣價格提供。開朗的待客態度，使得來店女性的忠實顧客也不在少數。現今在東京、埼玉、神奈川、福島等地區共計6家分店營業中。

湯頭

4只54cm的高湯鍋在12小時的精煉過程中，利用時間差確保湯頭的鮮度。

湯頭材料以背骨及肋骨為主，搭配少許腿骨一同熬煮。高湯鍋熬至濃稠後，加足熱水重覆熬煮，直到達成目標濃度。完成前3小時加入背脂，隨後加進雞腳即完成。全程大約12小時。添加雞腳目的在於緩和湯頭的濃稠感。

湯頭

4只54cm的高湯鍋，以不同的備料時間進行製作。為完成具有鮮度的優質湯頭，製作期間不移動骨頭，也不追加新骨，持續熬煮，水份不足時再加以補充，重覆作業至湯頭完成。

高湯鍋 1

高湯鍋 2

高湯鍋 3

高湯鍋 4

產生濃度後加入背脂、雞腳後即完成。完成後需靜置直到熟成，翌日進行加熱後才能使用。3小時後湯頭會產生劣化現象，必須特別注意。

麵體

中粗捲麵「拉麵」用。揉入適量柴魚粉，讓湯頭更增添風味。

「魚豚拉麵」用的中粗直麵。「魚豚沾醬麵」也使用相同麵體。

背脂

背脂大約需熬煮3小時。將浮在湯鍋上層的部份以濾網撈除，網子下方用長柄杓盛住，搖晃網子以徹底瀝除水份。背脂份量的多、少、或不添加，則依顧客需求而定。

熬煮器具為4只高湯鍋。完成備料後各鍋開始熬煮的時間都不同，目的在於維持湯頭的穩定鮮度。

製作過程中不移置湯頭到別只湯鍋來提高濃度，而是以1只湯鍋完成全部作業。

開業初期湯頭材料是以腿骨為主，肋骨比例較少。然而腿骨熬至濃度產生非常費時，往往要花費12小時以上。

以目前錯開熬煮的方式製作，最少需要6只高湯鍋。當時的營業時間為11時～23時。現在則調整為11時至翌日4時。營業時間延長了，卻沒有空間可供增加湯鍋的數量，因此勢必要找出縮短每只高湯鍋完成時間的方法。這也是將材料改為背骨、肋骨為主的原因之一。

此外，蔬菜的甜味經常會影響湯頭的穩定度，故不添加。

白濁的豚骨湯頭僅管是製作目標，但是在考量添加醬油醬汁後可能產生的色澤變化，因此必須精確掌控湯頭的濃度情況。

「東京豚骨拉麵」既然標榜可品嚐到濃口醬油醬汁的香醇美味，因此務必格外注意豚骨湯頭不可過於濃郁。湯頭濃度低會凸顯較強的醬油醬汁色調而產生口味過重的感覺。必須精確掌握每個部份的微妙差異。

營業中使用的湯頭如果始終保持大火沸騰，可能會產生劣化的情況，因此要格外注意火候強弱。

另外，加熱3小時後湯頭也會逐漸劣化，必須隨時檢測是否有腥味出現。提供新鮮美味的湯頭是店內始終不變的堅持。

叉燒肉片

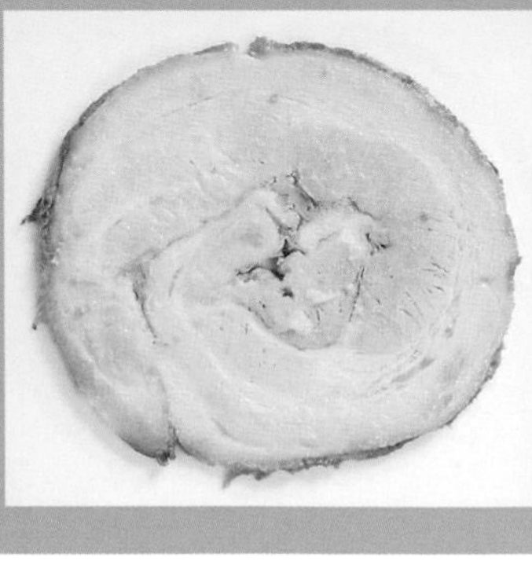

開業初期是以肩里肌肉製作，考量與清爽口味湯頭的搭配度，改用豬五花肉。煮熟的豬五花肉需醃浸2次滷汁入味。滷汁特別添加沖繩黑糖以提高風味深度。

麵體

湯頭中的「高湯口感」來自添加了柴魚粉的自家製中粗捲麵。

麵體為中粗捲麵。自1992年開業起即堅持自家製麵。

獨家添加柴魚粉的麵體，可使風味融入湯頭內，入口時讓帶有醬油醬汁的豚骨湯頭增添和風感，也使得湯頭更加清爽順口。

「魚豚拉麵」使用的直麵，麵體中同樣添加了柴魚粉。搭配含有柴魚油的香味油，強調魚貝高湯風味。

自從18年前創業以來，店內麵量不論大（240g）、中（180g）、一般（120g）均以相同價格提供，「魚豚拉麵」也相同。對於位於在校生、補習班學生眾多的地點，大碗份量仍以同樣價格提供，是店內始終保持高人氣的原因之一。

筍乾

置於麵上的筍乾，是將鹽漬筍乾泡開後，以麻油拌炒，調入辣椒所成，口感爽脆。「魚豚拉麵」添加的則是市面少見的穗先筍乾。質地軟嫩，在麵碗內具有搶眼的存在感。

蔥

以青蔥、白蔥與豚骨醬油搭配組合單點時則以切絲供應。

「屯ちん」中標榜的「東京豚骨拉麵」，是將醬油醬汁風味巧妙結合的豚骨拉麵。提味用蔥花，則使用白蔥與青蔥搭配組成。白蔥可引出醬油風味，青蔥則可緩和豚骨湯頭的濃膩感。

沾醬麵另添加油蔥，來藉以凸顯出沾醬的深度。提供單點的調味蔥花（150日圓）則為切成粗絲的白蔥。白蔥絲經去黏質處理後，充滿鮮脆口感，搭配特製醬汁調味後，份量十足地置於麵上食用。特別切成粗絲的蔥是為了配合中粗麵條。麵與蔥的講究組合，讓口感更加有層次。

背脂

背脂的適量添加，除具有醬油醬汁提味效果外，更增添湯頭的甘味及濃郁度。

背脂須在湯頭完成的3小時前放入湯鍋。待背脂全部浮起即完成。背脂的當日實際情況會影響熬煮時間。

接受點單後。在麵碗裡加入醬汁與混合蔥花。隨後倒入背脂。背脂是用撈網撈起浮在湯鍋表層，經甩除水份濾出的油脂。

接著注入湯頭、煮好的麵，最後再放上配菜。

可依個人喜好向店家要求背脂多放、少放，或是不放。此外，味道的濃淡、麵條的軟硬、蔥花的多寡等，也都可以告知店家。

顧客在售券機取券時即可告知需求，店家會在餐券上註明。

桌上常備有蒜泥、豆瓣醬、自製辣油、醋、七味粉。除了在背脂、味道、蔥花多寡上變化外，不妨嘗試以調味料調配出不同的創新口味。豐富的調味料也是延續自1992年開業以來即有的服務項目。

● 沾醬麵　650日圓

開賣初期採用與拉麵相同的醬汁與麵條，後來為凸顯差異性，5年前將醬汁改為微甜的專用醬汁，並增加油蔥。沾醬麵不論大（400g）、中（300g）以及一般（200g）均以相同價格提供。限時販售的「魚豚拉麵」推出時段，也同時提供「魚豚沾醬麵」。

京都・一乘寺

ラーメン軍団

■ 地址／京都府京都市左京區高野泉町6-74
■ 電話／075-712-3134
■ 營業時間／11時30分～13時30分、18時～23時
■ 公休日／不定休

以腿骨、背骨及水精煉的濃郁豚骨湯頭

● 厚重拉麵　700日圓

名符其實，具有強烈存在感的濃郁湯頭，是店內超人氣商品。添加骨粉而呈現厚實口感的湯頭，深深吸引濃厚豚骨拉麵愛好者的心，常見飲盡全部湯頭的熟客身影。搭配可充份包覆湯汁的捲麵，加上厚切肉片及蔥花，形成完美組合。利用熬煮6個半小時即提早取出的湯頭，搭配鹽味醬汁調製成清爽口味「豬肉麵」600日圓，也別具特色。

水＋腿骨・背骨

店主石田匠先生於2007年1月離開職場，投入京都的拉麵激戰區～一乘寺開設拉麵店。石田先生儘管缺乏在拉麵的修業經驗，但是早在上班族時期，即架設了介紹京都拉麵的專業網站。藉由長期以來與人氣店家的交流，培養出對拉麵的深度了解與品味。

努力的目標，在於製作出無豬骨腥味、濃郁順口的濃厚豚骨拉麵。同時希望藉由活用「骨頭的香味」呈現鮮度。材料只選用大量腿骨、背骨及水。以釜鍋進行熬煮作業。

現今僅一人負責全程準備工作，因此，日間僅提供沾醬麵。夜間則有拉麵、沾醬麵及拌麵。

材料

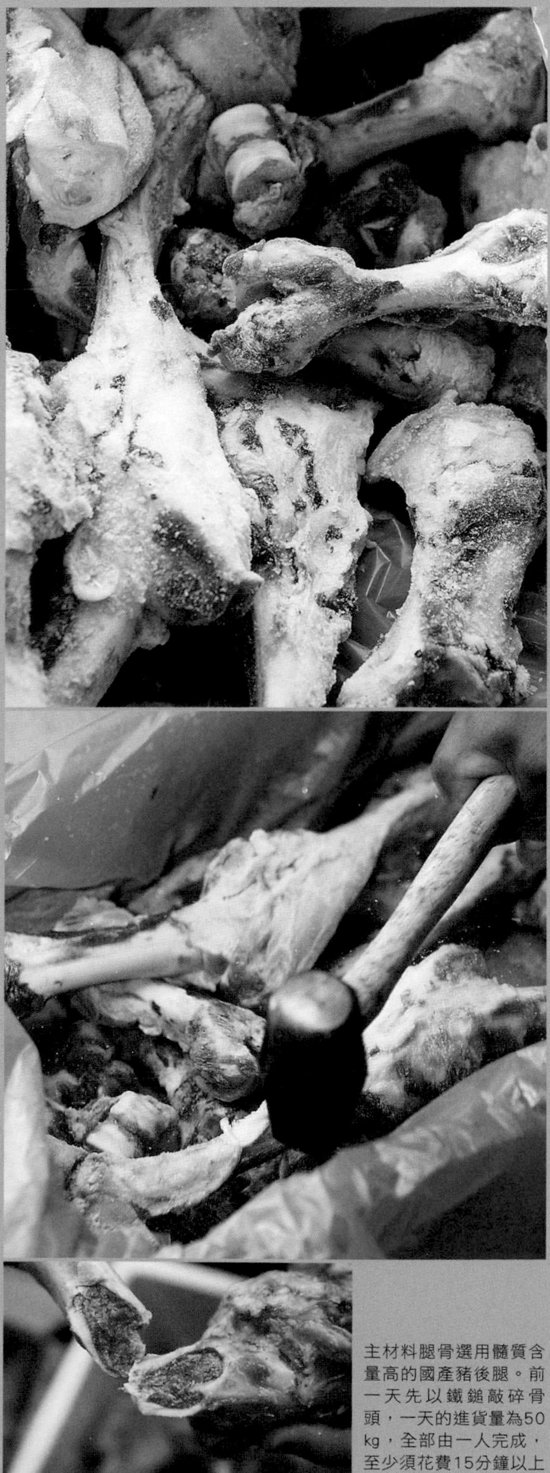

主材料腿骨選用髓質含量高的國產豬後腿。前一天先以鐵鎚敲碎骨頭，一天的進貨量為50kg，全部由一人完成，至少須花費15分鐘以上進行敲擊作業。

湯頭

融合骨粉的濃豚骨湯頭，擄獲無數濃湯老饕的心。

石田匠先生始終堅持不依賴油脂製作濃郁香醇的豚骨湯頭。在京都地區，帶有骨腥味的湯頭幾乎不可能被接受，為了研發出無腥味，只帶有骨香的湯頭製作方法，石田先生不斷地從錯誤中學習。

現今使用50kg的腿骨與3～5kg背骨，從上午10點開始熬煮，必須能趕上下午6點的開店時間，之後則持續加熱至晚上11點結束營業為止。各個時段的湯頭風味略有差異，卻各有忠實粉絲。

製作方法是將腿骨及背骨分別於不同時間點放入釜鍋，持續加熱熬出濃度是基本原則。開始的前6個小時不需攪動鍋內，之後要不斷攪拌，避免燒焦及加速濃度上升。

使用器具為口徑54cm的釜鍋。釜鍋的深度較淺，圓型底部可使材料容易產生對流，熱效率也更好。

主要材料腿骨，特別選用髓質飽滿的國產豬後腿。

過去曾經使用進口後腿骨，由於腥

味過重而改為國產。由於腿骨所含髓質各有差異，因此必須根據當時情況調整用量。

材料的前置處理作業，只要用鐵鎚敲碎即可。以前會事先做好去血水的處理，現在發現「血也是美味元素之一」，因此不再先行去除血水，冷凍進貨後，直接敲碎使用。除此之外，骨內雜質也能增加風味，同樣不事先去除。

營業終了後，仔細撈除釜鍋內剩餘湯頭裡的細骨與雜質，作為第二天日間營業時沾醬麵用的湯頭。

在乾淨的釜鍋內放入第二天份的腿骨，到此為前一天需完成的準備工作。

第二天上午10點，加入水開始熬煮。拍攝時為夏季，因此腿骨的份量大約至釜鍋的鍋緣，冬季則備料增加，腿骨則會放滿鍋內。一開始加水加至不溢出的程度開小火加熱，待骨頭受熱壓縮份量下降後，再改開強火熬煮。

最初的4個小時只熬煮腿骨。這段時間完全不攪拌。考量將骨髓熬出最少需要4~5小時，因此在骨髓釋出前只熬煮腿骨。

此階段附著在腿骨上的肉會開始溶化，湯頭內的「肉質感」也隨之增加。

湯頭的作法

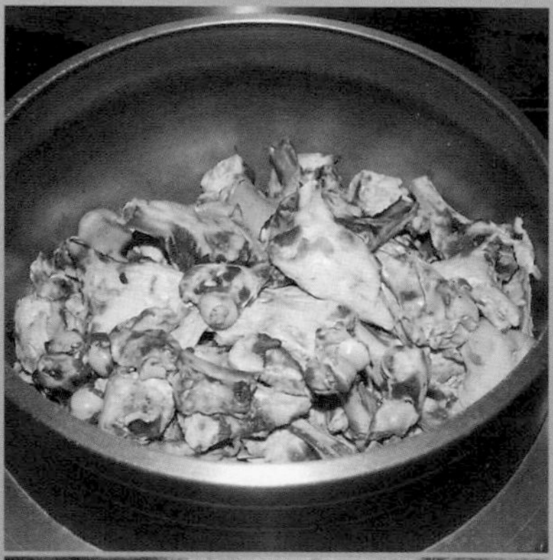

1 在口徑54cm的釜鍋內放入腿骨及水，10點開始熬煮。冬季備料量增多時，腿骨則會放滿釜鍋。

2 如果是如照片中的材料量，一開始就可以用強火熬煮。保持表層呈大滾狀態的火侯。此時不需攪動鍋內，骨內雜質也是湯頭美味元素之一，因此不予撈除。

3 開始熬煮4小時後將背骨放入。背骨如果添加過量會使湯頭變得油膩，大約控制在腿骨的1成比例使用量。

4 放入背骨後，為使腿骨與背骨的位置對調，必須先攪拌一次。之後持續加熱約2小時。

5 開始熬煮6小時後，由於濃度上升，每3分鐘需攪動一次以避免燒焦。攪拌動作持續至營業結束。期間為防止湯頭蒸發，可分次補充水量。

6 營業開始時間下午6點的湯頭狀態。非白濁色，而是呈現茶色濃濁狀。表示腿骨髓質已充分溶入湯頭中。

7 自釜鍋中舀出湯頭，以粗孔濾網過濾注入麵碗。為品嚐得到溶於湯頭中的骨粉，因此採用粗孔濾網。

到了下午1～2點，加入背骨。背骨加入後先行攪拌。此作業目的不在於混合湯頭，而是要將腿骨下、背骨上的位置對調，讓背骨接近火源。之後直到4點鐘均不需攪動。

一旦釜鍋內水位降低，即將火力全開。

此階段會開始產生湯頭黏度・濃度，每3分鐘需攪拌一次，以對抗最難搞定的「燒焦」情況。隨著熬煮時間愈加濃郁的湯頭，片刻都不可放鬆大意。

攪拌方式並無特別，不需刻意壓碎材料，盡量將鍋底材料翻動即可。此外，熬至腿骨髓質釋出需要花費長時間，這段期間不另添加新腿骨及背骨。

營業時提供自釜鍋中舀出的湯頭，以讓骨粉能通過的粗孔濾網過濾後注入麵碗。湯頭內的骨粉口感，是店內的招牌魅力之一。

此時湯頭可以輕易分辨髓質是否已充份溶入。湯頭仍具透明感為髓質溶解不足，如果已呈現濃稠混濁即表示充份溶解。

即使已開業3年，每日要取得穩定的湯頭仍是一大挑戰，石田先生說道。熬煮出湯頭的一定濃度後，要使腿骨內的髓質充份釋出，是相當困難的作業。

為確保髓質加速釋出，在開店前將湯頭控制一定濃度是非常重要的。

湯頭製作流程

10時	加水開火， 控制火候讓湯汁不要溢出。
13時左右	骨頭間的空隙減少， 空間壓縮後開強火（全開）， 之後繼續維持強火。
13時～14時	加入背骨。 藉由攪拌讓結凍的背骨沉下釜鍋， 與底層的腿骨位置對調。 為避免湯汁煮乾，逐次加水補充。
15時左右	以鐵鎚敲碎第二天要用的腿骨與背骨。
16時	熬煮至16時左右都不要攪動。 湯頭的濃度與黏度產生後， 每隔3分鐘需攪動鍋底以避免燒焦。
18時	營業開始。
23時	營業結束，瀝乾骨頭丟棄。 剩餘的湯頭留至隔天沾醬麵使用。 將敲碎的腿骨放入釜鍋， 做好隔日的準備作業。

醬汁・調味料

醬汁與調味料，僅用於增加鹽度的極簡原則。

醬汁用的醬油也是歷經多種嘗試後的決定。目前選用兵庫縣產與九州產相同比例調製。

為忠實呈現湯頭的美味，搭配的醬汁不宜有過多層次味覺的重疊。「只是用來調整鹽度」是店內認為醬汁應扮演的理想角色。

除醬油醬汁之外，調味料僅使用少許的韓國產辣椒。韓國產辣椒是向香料專賣店訂購，特別研磨成店內豚骨拉麵專用品。

入口時不會特別感覺辣味口感，扮演著不影響湯頭風味的隱味角色。

麵體

充份表現濃郁湯頭厚實口感的微捲細麵。

麵體的選擇以能搭配濃厚湯頭為最主要考量。含水率過低易產生與湯頭的落差感，因而設定33%的含水率。

切齒及形狀也特別下功夫。最初是採用直麵，現在則改為微捲的細麵。麵體則為略呈長方形的四角切口。微捲麵條入口後蓬鬆的口感更增添豐富變化。

1球140g，水煮時間約為2分40秒。

麵體

麵條選用在地的京都麵屋棣鄂。以同樣麵糰嘗試不同的裁切方式，終於完成現在的麵體。

東京・東長崎

らー麵　きん

- 地址／東京都豐島區長崎4-12-7
- 營業時間／12時～15時、18時～24時左右（湯頭售完為止）
- 年中無休（中元、年末年初有休）
- http://www.ramen-kin.com

招牌商品濃厚豚骨魚貝沾醬麵 讓人氣居高不下

● 辣沾醬麵　700日圓

店內超人氣menu。紅色沾醬看似極辣，其實是添加韓國辣椒粗粉調製而成，口味溫和不刺激，更不影響醬汁中的魚貝風味。沾醬具相當濃度，搭配12號直粗麵，可完全吸附醬汁。濃醇為主要魅力點，因此醬汁內不另添加醋。想提高辣度的客人，店內可提供加入紅辣椒與一味唐辛子。照片中為大碗份量（300g）。

「沾醬麵」與「辣沾醬麵」的價格同樣為700日圓。以手鍋加熱湯頭，再加入魚粉調和即完成。多數顧客選擇大份量。配料包含白蔥、細蔥、筍乾、叉燒肉絲。與「拉麵」相同，可依喜好要求多油、加濃，或較硬麵條等。

水＋腿骨＋豬腳・背脂＋雞腳＋小魚乾・鯖節

8坪・8個座位的小規模店，不論日間或夜間都可見絡繹不絕的來客。招牌人氣商品沾醬麵，多數客人都選擇大份量（300g）。

2003年開業，第2年選定沾醬麵作為主打商品。因此也將原本以腿骨為主體的清湯大幅變動為濃厚豚骨魚貝湯頭。店內沾醬麵、拉麵使用不同醬汁，但是湯頭相同，麵條也同為直粗麵，搭配濃郁豚骨湯頭，可充份品嚐到魚貝的鮮美風味。

面對廚房的狹窄空間，除了精簡廚房內員工人數外，也在濃厚豚骨魚貝湯頭的材料準備及作法上下了許多工夫，目前製作材料為腿骨、豬腳、雞腳、背脂、小魚乾、鯖節等。

湯頭

具高濃度的豚骨湯頭內加入魚乾與鯖節熬煮，上桌前再添加魚粉。

「きん」的濃厚豚骨魚貝湯頭目前是以腿骨為主體，搭配豬腳、雞腳、背脂熬煮，另添加魚乾與鯖節調味。

2年前，湯頭的主體材料為豬腳，並添加長葱、蒜頭、洋蔥等蔬菜。魚貝高湯是以柴魚與昆布提煉而成。面對僅有8坪大的狹窄空間，在作業流程上必須比其他店家更有效率，經過不斷地試驗與改良才成為今日的材料與做法。

腿骨先敲碎，豬腳則直接使用。將材料放入裝水的高湯鍋內以大火加熱。腿骨不事先去血水，待雜質浮出後再仔細撈除。接著投入雞腳、背脂，以中火加熱熬煮。中火加熱時雞腳和豬腳易黏鍋燒焦，因此每隔30分鐘需攪拌一次。營業中仍持續此狀態。

連續熬煮7小時之後，加熱水補足下降水位。

此時段大約為日間營業結束時間，一人可獨立看顧湯鍋，因此將火力轉為強火。期間為避免燒焦，除了均勻攪動湯頭之外，還要不時用力以棍棒壓碎腿骨與豬腳骨。

腿骨關節部份為骨粉來源要素，要在混合後取出。此外強火加熱下，為防止水份過度蒸發，除攪動時之外均須加蓋，熬煮期間可利用調整鍋蓋的密合度讓鍋內熱氣散發，並確實掌握完成時間及完成後的湯頭水位。

強火加熱2小時後即接近完成階段，此時要增加為每5分鐘攪拌一次。攪拌方式需要豐富經驗，否則湯頭乳化不完全，會產生2層或3層的不均勻現象，湯頭美味無法附著於分層的油脂上，而無法呈現風味。因此湯頭的完全乳化是此階段最重要的任務。

叉燒肉片

肉片以豬五花製作。以鍋蓋密合度控制鍋內熱度，注意肉質軟嫩的維持。

避免肉黏鍋燒焦，因此從清水開始煮。此外，置於底層的肉會遭壓擠而破損，故事先將肉捲起綁好後直立放入鍋內加熱。

沸騰後撈除浮渣。轉為中火熬煮約2小時半。稍微打開鍋蓋讓蒸氣散出熬煮。

浸入專用醬汁內，以弱火滷約1小時，關火後以餘熱悶約2小時，使其入味。

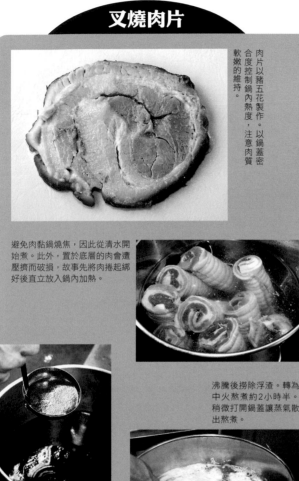

湯頭的作法

1 敲碎15kg的腿骨。不需事先去血水，直接加水熬煮。10kg的豬腳也不用先燙，直接熬煮。

2 較重的腿骨置於下層，上層放豬腳以強火加熱。沸騰時橫撈除浮渣。接著加入5kg雞腳，並改中火。

3 中火連續熬煮7小時後，以熱水補足水位。並改為強火。多次攪拌，並以大刮刀壓碎骨頭，豬腳也盡量壓碎。取出碎裂的腿骨前端部位。

4 待湯頭完全乳化，並達成預定濃度後開始過濾。湯頭中呈現豬腳及雞腳上仍附著肉屑的狀態。過濾時不須刻意擠壓。

5 過濾後的湯頭加入魚乾、鯖節後開火。沸騰後改小火再熬煮40分鐘左右。

6 再次過濾後即完成。不需刻意擠壓過濾。此湯頭在營業時會再以手鍋加熱才倒入碗內。

以手鍋加熱湯頭時添加魚粉。魚粉由柴魚粉與鯖魚粉調製而成。邊加熱邊以打蛋器拌勻。

另備有「辣沾醬麵」專用手鍋。除了前述在湯頭內加入魚粉外，另外再添加特調辣椒粉。將辛辣中帶有甘甜的韓國辣椒粗粉與細粉以1：2比例混合。嗜辣者可再要求加入紅辣椒與一味唐辛子。

腿骨特選髓質飽滿、骨型粗大的進口材料，由於每次進貨時的品質無法完全相同，因此在口味掌握上是相當困難的。

熬至預期濃度後開始過濾。將攪拌用的木刮刀從鍋內拿起時，刮刀上的湯頭不是用滴的而是像線一樣滑落即代表濃度正確。過濾此狀態的湯頭時，濾網上會留有許多豬腳上的肉質。不需刻意擠壓過濾，成為較為清爽的濃厚豚骨湯頭。加上魚貝高湯，成為雙重湯頭後，會再度削減湯頭濃度，因此再另外添加厚削鯖節片、魚乾於湯內加熱。沸騰後再熬煮40分鐘即可濾出。魚乾的頭部與內臟不必剔除，直接使用即可。

剛完成的湯頭魚貝風味強烈，隨著時間經過會逐漸減弱，因此營業期間會在顧客點單後，以手鍋加熱湯頭時再加入魚粉。魚粉是以鯖節粉與柴魚粉混合調製而成。

「辣沾醬麵」是店內暢銷商品，店內備有2只手鍋，1只為「辣沾醬麵」湯頭加熱專用，1只為「沾醬麵」與「拉麵」湯頭加熱使用。「辣沾醬麵」湯頭內除了魚粉外，會另添加辣椒調味。使用的是韓國產辣椒粗粉及細粉以1：2的比例調製而成。溫和的辣味，在辛辣中帶有甘甜口感，不影響魚貝風味的呈現。喜歡辛辣刺激的顧客，可要求店家另添加紅辣椒及一味唐辛子。

麵體

「沾醬麵」也是使用相同的粗麵。小碗225g、大碗300g、特大450g需加100日圓，小碗與大碗的售價相同。麵量上「拉麵」與「沾醬麵」也是相同的。點「沾醬麵」的顧客大多選擇大份量。

叉燒肉片

以湯頭餘熱 悶煮出入口即化的 美味叉燒肉。

叉燒選用豬五花製作。以棉線綁後下鍋，所以採用水煮方式。此外，重疊放置水煮會壓損下層的肉，因此先以棉線綑綁後以直立方式置入鍋內。

湯頭用的湯鍋，必須經常進行碎骨、擠壓豬腳等作業，如果將叉燒用肉放入其中，可能會因過度攪拌而破損，因此必須另外水煮。

沸騰後改為中火，撈除浮渣後再煮約2小時半。鍋蓋不要全蓋，稍微露出縫隙讓蒸氣散發，這是水煮過程中的重要關鍵。但是一旦熱氣散發過度反而會使肉質軟爛，無法呈現美味。

煮好的肉，醃浸於專用醬汁內以小火滷煮1小時左右，關火後再放置2小時，以餘熱讓肉質充份入味。

專用醬汁是以醬油、酒、味霖調製而成。醃浸後的醬汁品質不穩定，無法再用於拉麵、沾醬麵上。拉麵與沾醬麵是使用另外的專用醬汁。沾醬麵醬汁是由柴魚、昆布、魚乾高湯，搭配醬油與湯頭製成。拉麵醬汁則以醬油為主體，由濃口醬油與淡口醬油、砂糖與魚貝高湯為材料，調製出如蕎麥麵般的清爽醬汁。

配菜基本上包含筍乾、白蔥、細蔥。沾醬麵則另有叉燒肉絲加於沾醬中。不添加豬油。

麵體

拉麵與沾醬麵 同樣使用 需水煮6分半鐘的直粗麵。

「拉麵」、「沾醬麵」使用相同麵條。切齒12號的直粗麵。風采不輸濃厚湯頭的Q彈口感粗麵，使用於「沾醬麵」時水煮時間長達6分半鐘。「沾醬麵」的麵條在煮好後必須以水沖洗，之後再用滾水溫熱，是相當費時的作業程序。

過去，「拉麵」是使用切齒14號的平打直麵，由於作業繁瑣，現今改採用單一種類。

● 拉麵　650日圓

麵與湯頭都相同，只有在醬汁上「拉麵」與「沾醬麵」各有專屬調味。不添加豬油，希望多油口味的客人，會多加湯頭上層透明浮油部份。要求重口味者，則將醬汁增量。此外，也可向店家提出麵條的軟硬需求。

東京・新橋

ORAGA

■ 地址／東京都港區新橋4-14-4
■ 營業時間／平日11時～20時或21時、週六及假日11時～15時（湯頭售完為止）
■ 公休日／週日
2010年10月底歇業。新店址登載於官網。http://oraga.in/

香濃順口、無腥臭
高雅洗湅的濃厚豚骨魚貝湯頭

● 沾醬麵（間） 750日圓
＋滷蛋 100日圓

使用高比例豬腳製作的湯頭，溫和滑順的口感是最大特徵。不以蔥提味，而選擇洋蔥替代。洋蔥切丁產生的口感具有讓濃厚湯頭後味變得爽口不油膩的效果。少許的椰子粉及數滴醋則呈現出獨特風味，將濃郁口感延伸出高雅品味。不添加唐辛子粉。有普通（180g）與中碗（360g），及「間」（270g）等3種份量可供選擇。

水＋腿骨＋豬腳＋雞骨＋雞腳＋洋蔥・高麗菜・蒜頭

「ＯＲＡＧＡ」的濃郁豚骨魚貝拉麵在年輕女性間向來具有極高人氣。開幕時僅有「拉麵」，２個月後推出「沾醬麵」，至今「沾醬麵」的營業比例已遠勝「拉麵」。

店內面積僅有5坪，７席座位。廚房空間則不到2坪。因此如何在短時間內，以最有效率的方式完成不浪費任何材料的濃厚湯頭，是無論如何必須克服的難題。口味上則力求濃度卻無腥味、香醇卻不膩口的湯頭製作。這也正是吸引女性客層的最重要因素。

添加的冰下魚乾、椰子粉等，均為一般店家少見的食材，搭配獨特口感的麵條，成功創造出溫和的濃厚度。

麵體

上方為「沾醬麵」用麵，下方為「拉麵」用麵。「沾醬麵」麵體有特製的寬度及厚度，具豐富咬勁，更添品嚐樂趣。「拉麵」在麵量上，一般為180g、中碗360g、大碗540g，一般與中碗售價相同、大碗加100日圓。由於中碗為一般的兩倍差距甚大，因此「沾醬麵」另有「間」270g的折衷份量可供選擇。

湯頭

防止腥臭產生的前置處理，在１００％活用食材的原則下的高效率製程。

湯頭材料包括豬腳、腿骨、雞骨、雞腳，豬腳比例高。腿骨則選用切割完成者。

預計的湯頭濃度，需在54cm的高湯鍋內放入60~70kg的材料。面對不到２坪的L型廚房空間，爐口數僅能提供準備用、煮麵用及營業湯頭用３只，準備用湯鍋已無法有移動空間。廚房內也只能容納2名人員，在作業上受限甚多。因此店主駒清隆先生下更多功夫克服此難題。

最重要的目標有2項。首先是去除腥臭，意即如何確實去除豬骨及雞骨的腥臭味。其次是材料１００％的活用原則。並且必需在短時間內完成作業。因此如何在狹小的空間內以迅速完成製程即是研究重點。

為消除腥臭，所有材料先預燙洗淨。雞腳、豬腳也燙熟清洗。

雞骨燙熟後水洗，徹底清除血塊，並且去除內臟。之後再以手剝碎。剝碎骨頭可促進短時間內高湯的釋出。

同樣地，豬腳也在燙過後洗淨並劃上數處刀口，以加速高湯熬出。豬腳上劃刀口是相當耗費體力的作業。

使用的高湯鍋是特別訂製品。將2只湯鍋焊接黏合以增加深度也增加容量。只要１只湯鍋即可完成必須的湯頭量。

由於容量倍增，使得湯鍋變得極重無法移動，因此特別在下方裝設出水龍頭，讓湯鍋放在火爐上就可以直接取用湯頭。

以強火熬煮，並隨時撈除雜質及攪拌。除了避免燒焦外，也具有加速豬腳、雞腳中膠質成份釋出的效果。

腿骨會溶出骨粉，造成湯頭內不順口的沙質口感，因此必須盡量減少用量。熬煮４小時後加入蔬菜。包括蒜頭、洋蔥、高麗菜。

骨類與肉質材料以預燙洗淨程序來抑制腥臭。添加的蔬菜與其說是去腥作用，不如說是為了增加風味。蔬菜加入後仍需攪拌，使其充分融入湯頭中。

總計熬煮6小時後，開始過濾。

從高湯鍋的龍頭取出湯頭時，需先以濾網過濾。接著再用更細的濾網重覆過濾。無腥味濃厚湯頭必須兼顧入口時的滑順口感。將重覆過濾後的湯頭置於冷水中降溫，分別取出當天與隔天用量。隔天用的放入冰箱冷藏保存。

湯頭在營業時段分成2鍋放置。1鍋以小火加熱以作為補充用湯。另1鍋則保持大火熱度，為營業用湯。如果將所有湯頭都放在一起以強火加熱，會使湯頭提早劣化，因此在營業時段必須分為2鍋放置。

此湯頭為「拉麵」與「沾醬麵」共通使用。醬汁也相同，是以鯖魚、柴魚、昆布熬製而成。醬汁用醬油為店家測試了近30種類才決定的嚴選材料。「拉麵」與「沾醬麵」在醬汁使用的比例上有著明顯差異。

「拉麵」湯頭由濃厚豚骨湯頭與魚貝高湯搭配組合而成。魚貝高湯以鯖

湯頭的作法

將雞骨、雞腳、豬腳、腿骨等分別預燙處理。再以水洗淨防止產生腥臭味。

空間狹小只能容納1只湯鍋。由2只湯鍋焊接而成，下方並裝設出水龍頭。

雞骨燙過後，清除血塊及內臟。接著再以手剝碎，使得高湯成份更能快速釋出。

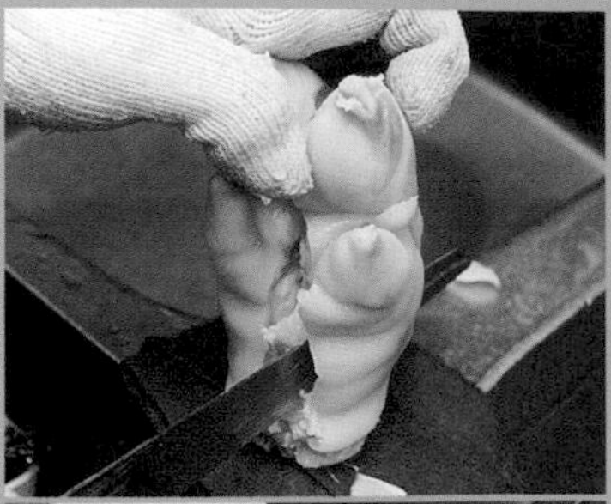

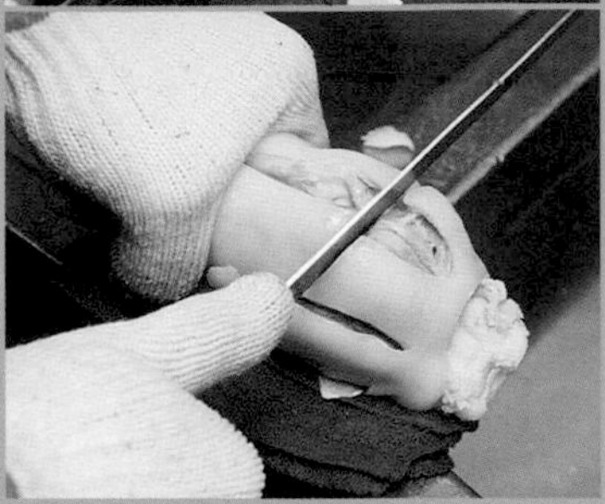

豬腳逐一劃出刀口。這也是為了加速湯頭成份的釋出。份量多，需要極大體力。

期間加入蔬菜，以強火熬煮，均勻攪拌，使豬腳與雞腳的膠質可以充分融入湯頭內。熬煮6小時後，自龍頭取出並加以過濾。接著再用更細濾網二度過濾。

將湯頭置於冷水內降溫，並將隔天的份量冷藏保存。營業時段分成2鍋，直接注入麵碗者以大火加熱，補充用則以小火加熱。

節、柴魚、冰下魚乾熬製。由於鯖節與柴魚的辨識度不高，必須再增加風味的強度。

嘗試了竹莢魚、花枝嘴、鰈魚等種類乾貨後，決定選擇凸出且溫和的冰下魚乾。無腥高雅的濃厚湯頭，即仰賴冰下魚高湯的輔助。

「沾醬麵」是將湯頭搭配醬汁、柴魚粉、雞油、椰子粉、醋等而成。使用椰子粉的品項僅有「沾醬麵」。靈感來自於想增加乳化後豚骨濃郁口感中的隱味。

是一般人幾乎無法察覺的微量添加。醋也僅加入數滴。會吸收味道的一味唐辛子則不添加。

濃度、醇度、深度具備後，希望能呈現溫潤、柔和的風味，因此在後味的調整上，以能散發清爽味覺的口味為調製主軸。

過去曾經以鯖節及小魚乾混合調製的魚粉為材料，然而發現與單獨使用柴魚粉的差別不大，因此現今改為添加柴魚粉。

叉燒肉片

熬煮湯頭的湯鍋由於攪拌動作頻繁，肩里肌另於別處滷煮。滷汁為專用醬汁。表面以噴槍火烤，增加肉質風味。

麵體

專屬「沾醬麵」的特製寬、厚、Q麵體，充滿樂趣的新麵食享受。

2008年開幕初期，菜單上僅有「拉麵」品項，2個月後則推出「沾醬麵」。一開始兩者均使用相同麵體，隨後為凸顯「沾醬麵」特色，另訂製專用麵條。

麵體雖然與「拉麵」用麵同為平打麵，但是卻為粗麵的寬度。寬度不一且麵體厚度也不一致即為最大特色。

咀嚼時由於寬度與厚度的不同產生出獨特的活潑口感，更增添食用時的樂趣。

「拉麵」與「沾醬麵」兩者的小碗均為180g、中碗360g、拉麵大碗540g，小碗與中碗相同售價。大碗加100日圓。

由於中碗為小碗的2倍麵量，因此在「沾醬麵」部份另有「間」270g可供選擇。

即使在夏季，「沾醬麵」中的「熱沾麵」仍佔有2成左右比例。「熱沾麵」是將煮好的麵經水沖洗後再以熱水溫熱，由於在狹窄的廚房內是相當吃力的作業，因此採用將煮好麵條置於麵撈中，為避免沾黏，再淋上少許湯頭後提供。

拉麵 700日圓

濃厚湯頭與魚貝高湯搭配而成的雙味湯頭。魚貝湯頭僅以鯖節及柴魚製作，在口味上略顯薄弱，因此另添加冰下魚乾熬煮，提高湯頭清爽度。肉系湯頭濃郁不帶腥味，滑順不膩口，充滿精緻味覺。配菜與「沾醬麵」同樣，包括筍乾、洋蔥丁、肩里肌肉片海苔。醬汁也與「沾醬麵」相同，僅使用比例上變化。

配菜

洋蔥與滷香肉片的搭配，巧妙地將濃厚湯頭柔合化。

叉燒肉片是以濃厚湯頭滷出的芳香肩里肌肉製成。以專用鍋滷煮後，再醃浸醬汁至入味。表面用噴槍火烤，以增加肉質風味。作為「沾醬麵」配料時，另切成短絲添加。

洋蔥切丁，可使濃醇湯頭呈現柔化效果，更加順口易飲用。由於湯頭的濃度高，洋蔥丁不會沉至下方，在視覺上也頗具豐富感。

與豚骨拉麵完美搭配
醬汁的基本技術

鹽味醬汁．醬油醬汁．味噌醬汁

調理指導／拉麵教學達人　宮島力彩

本章介紹以無添加．無化學調味為原則，適合豚骨湯頭的鹽、醬油、味噌醬汁的製作方法。豚骨湯頭是最大的努力目標。

鹽味醬汁

➡作法在102頁

依喜好決定鹽用量。肉系＋魚貝高湯發揮提升美味的功效。

醬油醬汁

➡作法在104頁

以醬油香氣為魅力主軸。用於沾醬麵可使風味更具層次感。

味噌醬汁

➡作法在106頁

令人驚訝的豐富材料組合，融合出複合性美味。

使用清湯作為拉麵湯頭的基本比例

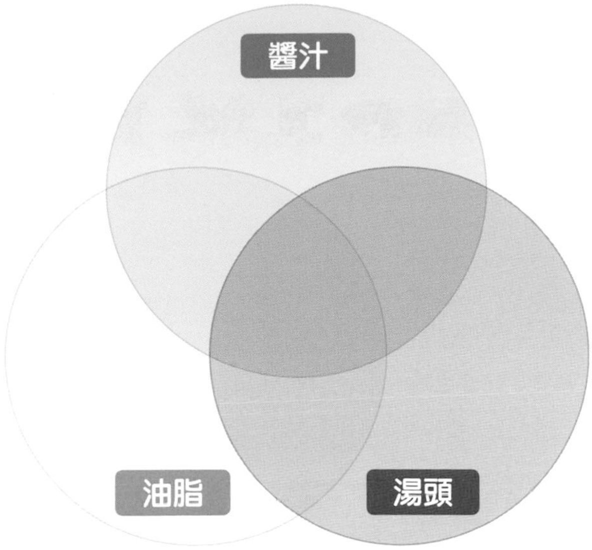

豚骨拉麵湯頭的基本比例

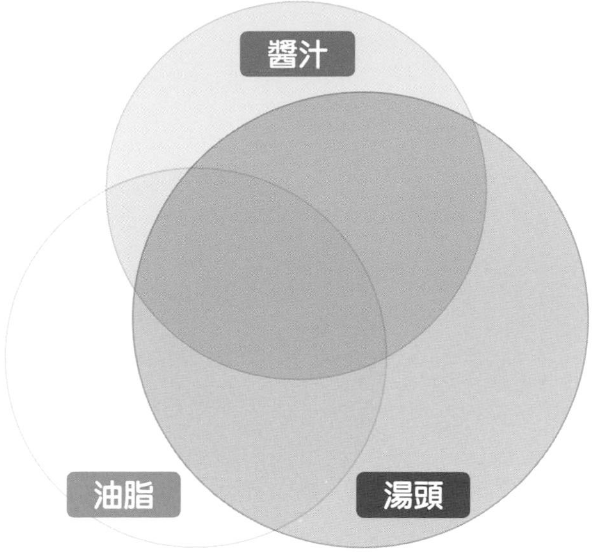

（上圖並非代表醬汁、油脂、湯頭的份量比，而是顯示整體均衡度的概念比）

清湯的場合

拉麵湯頭的製作，不能僅著重醬汁、湯頭、香味油等各項單獨的美味，而需考量整體性的風味呈現。以清湯的場合而言，醬汁、湯頭、油脂含量一旦維持均衡比例，即可獲得多數顧客感覺「美味」的正面評價。

醬汁的功效
製造美味

湯頭的功效
醇度

油脂的功效
甘美・順口

豚骨拉麵的場合

即使同樣名為豚骨拉麵，仍有各種截然不同的風貌，概括而言，湯頭均佔有極大比例。是「以湯頭為主角」的麵食，因此在醬汁及油脂風味上必須下足工夫。

無化調・無添加製作 不輸豚骨湯頭的醬汁

長久以來對於豚骨拉麵醬汁的既定印象不外乎是以叉燒滷汁+調味料或生醬油（淡口醬油或白醬油）為主流。這是因為豚骨湯頭本身已具備濃度與醇度，醬汁大多只是扮演調味的輔助角色。在此則逆向思考擺脫刻板印象，讓醬汁的存在感提升，與豚骨湯頭相互襯托，呈現融合後的美味。

一個必須注意的共通概念為，由於豚骨湯頭的脂份含量高，難以凸顯醬汁中的鹽份感，相對地如果醬汁內含油過高，又會影響豚骨湯頭風味的呈現。希望學習者以不偏離此原則為前提下，勇於接受挑戰並充分發揮創新的精神。

調理指導

拉麵屋養成系統

以預備開設拉麵店者為對象，從調味至經營面提供專業諮詢及課程講座。此外，以「壓力高湯鍋」為主軸，在東京・町屋另設有「拉麵業界維新塾」，推動拉麵製作的全新概念。

宮島 力彩

- 地址／大阪府東大阪市小若江1-9-2
- 電話／06-6730-8667
- http://www.toranoana.tv

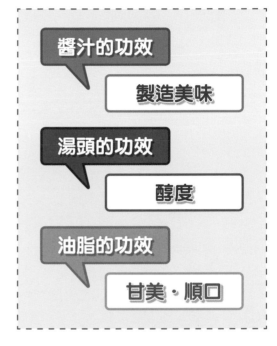

鹽味醬汁

以利尻昆布與香菇提煉的高湯，搭配豬、雞、牛絞肉熬煮的湯頭，再加上小魚乾、節類、調味料等製作。此處介紹以肉類作為湯底材料，輔以和風高湯材料或貝類的爽口風味來呈現湯頭特色。鹽的種類可依喜好選擇。各份量請配合鹽味作適度調整。

材料

作為主味道的湯底。也可直接作為拉麵湯頭使用。

- 鹽味醬汁的基本湯（※）……1600ml
- 藻鹽（淡路島產）……200g
- 竹鹽（韓國產）……100g
- 白酒（甘口）……200ml
- 原味蝦米……40g
- 竹莢魚乾……60g
- 混合節（鯖節、脂眼鯡節、沙丁魚節）……30g
- 棒鱈頭……1個
- 生薑……50g
- 長蔥的綠色部分……適量
- 蒜頭……1個
- 洋蔥……1個
- 日本茶的茶葉……少許
- 烘芝麻（金）……少許
- 砂糖……少許

依照喜好選擇鹽種。鹽份濃度大約控制在15%左右。

藉由香味蔬菜或茶葉的添加，達成降低天然食材臭味的效果。

※鹽味醬汁的基本湯底

- 水……3L
- 利尻昆布……10g
- 乾香菇……1個
- 豬絞肉……600g
- 雞絞肉……200g
- 牛絞肉……200g
- 長蔥的綠色部分……少許
- 生薑……少許

依循中國料理中高湯製作要領進行作業。

作法

製作鹽味醬汁的基本湯底

01 利尻昆布與香菇泡水一晚。昆布含有麩酸、香菇則有烏苷酸，兩者為和風高湯中的美味要素。

02 鋼盆內放入豬、雞、牛絞肉後仔細揉捏。利用3種肉類的結合，可呈現複雜且均衡的美味。

03 揉好絞肉後，逐次加入1中的利尻昆布與香菇高湯均勻混合。加入去腥的長蔥綠段及生薑後開火加熱。

04 沸騰後再加熱約25分鐘。不要使用大火，保持如照片中湯頭表面不要大滾的火候即可。期間可攪拌以免燒焦。

05 25分鐘後將湯頭過濾2次。第一次以篩網、第二次則以更細的濾網充分過濾。

06 降溫後小心撈除表層的浮油。豚骨湯頭本身已含有高量油脂，如果醬汁含多餘油脂則會影響風味。請務必仔細撈除。

添加調味料與高湯材料

07 徹底撈除湯頭油脂後，在1600ml的湯頭內加入鹽及白酒。本次使用2種鹽，可依個人喜好無特別限制。

08 接著加入高湯材料。本次使用蝦米、竹筴魚乾、混合節、棒鱈魚的頭，不同的高湯風味會表現出不同的湯頭個性。全部約使用200g即足夠。

09 加入去腥的生薑、長蔥的綠段、蒜頭、洋蔥絲、日本茶茶葉、芝麻。蓋上木蓋，沸騰後再煮45分鐘左右。

10 關火後，以橡膠刮刀刮除鍋緣的鹽份結晶。這些鹽份切忌再放回醬汁裡，否則會改變鹽分濃度，這點務必注意。

11 加入砂糖柔化味道，並靜置一夜。

12 靜置一夜後過濾，約一週熟成後使用。過濾時從材料上方施力擠壓。擠壓出的醬汁成濁狀，由於是使用在豚骨湯頭上，因此沒有影響。

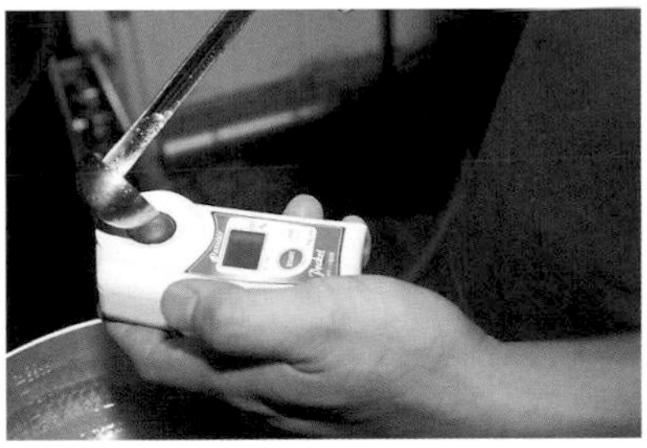

13 利用鹽分濃度計測量，可以確保濃度穩定的醬汁，請充分利用。此次的醬汁鹽份濃度為15%。

醬油醬汁

以鹽調味的和風高湯、添加動物系風味的醬油、及5種不同口味醬油調成的綜合醬料等3大主軸調製而成的醬油醬汁。藉由3個階段的作業程序，製作出風味拔群的優質醬汁。除了適合製作拉麵外，也是作為最能表現醬汁優劣的沾醬麵湯頭稀釋時的最佳材料。出色的香味與豚骨湯頭不相上下。

作法

製作鹽味的和風高湯

01 將利尻昆布與香菇泡水一晚。昆布含有麩酸、香菇則有烏苷酸，兩者為和風高湯中的美味要素。

02 將**1**加熱，在沸騰瞬間取出昆布。加入混合節（鯖節、竹筴節、小魚乾），以中火煮約15分鐘。

03 15分鐘後取出過濾。由於還要與豚骨湯頭做搭配，因此略帶節類的雜味也無妨。

04 準備**3**中完成的和風高湯800ml。加入白酒、鹽。

材料

鹽味和風高湯

- 和風高湯（※）……800ml
- 白酒……100ml
- 鹽（沖繩產）……150g
- 小魚乾……200g
- 利尻昆布……10g
- 乾香菇……1朵

加上魚貝高湯
可使風味
更具層次感

帶有動物系風味的醬油

- 豬舌……1個（220g）
- 雞頭……280g
- 淡口醬油……1L
- 紅酒（甘口）……100ml
- 乾香菇……1朵
- 利尻昆布……10g

也可以用雞腳
代替雞頭

綜合醬油

- 湯淺醬油……180ml
- 白醬油……180ml
- 蒜頭醬油……20ml
- 大豆醬油……20ml
- 滷過叉燒肉的濃口醬油……400m

蒜頭醬油可凸顯風味，
含叉燒滷汁的
濃口醬油
則可提升甜味

※和風高湯

- 利尻昆布……30g
- 乾香菇……3朵
- 水……2.8L
- 綜合節（鯖節、竹筴節、小魚乾）……100g

由於還要與
豚骨湯頭做搭配，
因此和風高湯中略帶
雜味也OK。

05 接著加入魚乾、利尻昆布、香菇後開火加熱。持續沸騰約45分鐘。

06 45分鐘後以濾網過濾。利用磨棒在材料上方略予擠壓，使高湯充分釋出。

製作帶有動物系風味的醬油

07 在豬舌上劃出切口。在滾水內放入雞頭與豬舌川燙。

08 將豬舌與雞頭放入鍋內，並倒入淡口醬油及紅酒。

09 加入利尻昆布與香菇後開火。沸騰45分鐘後關火，靜置一晚。

10 靜置一晚後過濾，並置於冰箱冷藏。

11 降溫後，撈除浮於上層油脂。醬汁內脂質含量過高會影響風味，務必徹底撈除。

調製綜合醬油

12 調合湯淺醬油、白醬油、蒜頭醬油、大豆醬油、叉燒滷汁醬油。蒜頭醬油為濃口醬油醃浸蒜頭一週製成。滷汁醬油須先撈除內含油脂後使用。多種醬油混合可增加醬汁層次美味，並非高價醬油就一定較為美味，可多嘗試各種類，依喜好選擇屬於自己的口味。

調製和風高湯與醬油

13 調和鹽味和風高湯、動物系風味醬油、綜合醬油。經一週熟成後即可汲取使用。綜合醬油不經加熱處理，更能保留原始美味。

味噌醬汁

以多種材料製成的味噌醬汁。使用味噌應考慮地域性及客層的偏好。味噌醬汁的用法，可像札幌拉麵的作法般，先以中華鍋炒肉片及蔬菜後，再加入豚骨湯頭與醬汁。這樣會比直接將湯頭及醬汁加入麵碗中美味。底醬水份充分炒乾是重要關鍵。

材料

底醬

紅蘿蔔	1根
蘋果	1/4顆
洋蔥	1/4顆
生薑泥	20g
蒜泥	20g
牛奶	180ml
水煮魩仔魚＋紅鮭魚片	100g
叉燒滷汁濃口醬油	50ml
鹽	30g

綜合味噌與調味料類

廣島白味噌	300g
仙台味噌	1kg
加賀米味噌	500g
金山寺味噌	100g
韓風味噌	100g
綜合絞肉	100g
麻油	20ml
味霖	20ml
粗磨黑胡椒	1大匙
粉唐辛子（韓國產粗磨）	少許

也可使用蟹肉或蟹肉味噌

要事先將叉燒肉滷汁的油脂去除後使用

可挑選遠處產地的味噌進行調製

作法

底醬的製作

01 將紅蘿蔔、蘋果、洋蔥切成適當大小，以調理機打成泥狀。也可使用磨泥器磨成泥。

02 在1的蔬果泥中加入生薑泥、蒜泥、牛奶、魩仔魚、紅鮭魚片、叉燒滷汁濃口醬油。

03 保持不燒焦的火候加熱，並壓碎攪拌。一開始如照片上方的塊狀，一直煮至如照片下方的泥狀。水分煮乾可使美味＝甜味濃縮，即成為醬汁的底醬。

04 水份蒸發後，關火加鹽，以餘熱拌勻。一開始就加鹽加熱會使鹽份增濃而變得死鹹，因此在最後加入。

調製味噌與調味料類

05 將白味噌、仙台味噌、米味噌、金山寺味噌、韓國產味噌混合。味噌的用法可依喜好改變，根據味噌原本的味道做好均衡配置。

06 加入4的底醬後均勻攪拌。

07 以中華鍋將麻油（份量外）燒滾，炒香絞肉，加入6的不鏽鋼盆中。

08 加入味霖與麻油。

09 加入粗磨黑胡椒與韓國產粉唐辛子，調整香味。

10 拌勻後，放置一週熟成後即可使用。

專業食譜 系列叢書

日式拉麵・沾麵・涼麵技術教本

21×29 公分　128 頁
定價 450 元　彩色

拉麵，一道看似簡單的料理，其實風情萬種，莫測高深。

本書專訪 27 家日本人氣拉麵店，公開他們受人歡迎的拉麵的獨家秘方，從湯頭、麵條、叉燒肉、配菜等等，一步一步教授何以美味的秘密所在。

日式炸豬排＆炸物

21×28 公分　120 頁
定價 350 元　彩色

1) 走訪超過四十家知名日本豬排專賣店，分析這些名店的炸豬排餐點特色，分享如何保持人氣不墜的炸物調理法。
2) 專家傳授炸豬排基本必備知識，讓讀者在家也可輕鬆學炸豬排。
3) 公開專業職人的私房料理絕招，讓您一舉掌握炸豬排的成功關鍵。

咖哩大全

21×29 公分　136 頁
定價 380 元　彩色

本書網羅了有關咖哩的所有知識，從關鍵的香料開始，帶領讀者深入領略印度、日本、歐洲等各地咖哩的風味與調理技術，同時還走訪日本超人氣的咖哩店，公開收錄店家最受歡迎的咖哩食譜，並分享專屬配方、製作方法、配菜飲料的搭配學問等等，此外，還有「烹煮美味咖哩的注意事項」、「咖哩的營養成分分析」等單元，一書在手，讓你成為極上咖哩通！

鐵板燒の人氣料理

21x28cm　104 頁
定價 350 元　彩色

作者是一位知名餐飲店經營顧問，擁有經營大阪燒、鐵板燒專賣店長達 20 年經驗，不斷創新研發鐵板燒料理的食材與風味，並針對餐飲店的綜合諮商、分店企劃、經營重整、人材教育和開店指導等問題進行諮商指導，實際指導過的店家超過 500 家以上。

日本料理の新調理技術教本

21×29 公分　120 頁
定價 480 元　彩色

這幾年日本料理不斷推陳出新，每一年料理師傅們都會創作出嶄新風味的日本料理，用一道道精美的料理給人視覺和味覺強大的滿足。

本書專訪了 16 家日本料理專門店，大公開各家師傅擅長的料理項目，區分：刺身、湯品、燒烤、蒸煮、油炸五大類，近百道料理，讀者可藉由詳細的步驟來學習，跟著大師們一起體驗新創作的日本料理的魅力。

日本話題店的創作料理最新菜單

21×29 公分　136 頁
定價 450 元　彩色

本書蒐羅日本各地料理名店的最新 183 道創作料理，內容包含前菜、開胃菜、沙拉、碳烤、煎炒、油炸、蒸煮、麵飯料理以及甜點。

運用常見的食材，加上料理師傅的巧思，創作出屬於該店的獨門菜色！

人氣豚骨拉麵店
自家製麵的概念與方法

至今普遍概念上均認為低含水的直細麵最適合搭配豚骨湯頭。然而近期有愈來愈多店家致力於自行開發研製私房麵條，逐漸來打破傳統觀念。循著這股新趨勢，就以3家人氣店鋪的自家製麵為例，來一探究竟。

→ 各麵的詳細解説於113～116頁

東京・澀谷 ラーメン凪 渋谷総本店

日間為拉麵專賣店，夜間營業至凌晨3點，推出各種使用豚骨湯頭製作的限量創作拉麵及酒類。滑順甘甜的湯頭充滿柔和口感，不帶任何豚骨腥臭，食用後搭配酒類的方式深獲好評。

製麵內容

材　料
高筋麵粉、乾燥蛋白、水、鹽、鹼水

含水率
24%以下

切　齒
26號

1球份量
100g

Q彈嚼勁別具特色。使用著名的麵包專用麵粉「UTAMALO」，即使長時間放置仍能保有理想口感的細麵。

細麵

● 拉麵　680日圓

僅以豬頭骨、腿骨、水熬煮的湯頭，藉由每日持續添加新骨來營造重疊美味。內含甘甜的湯頭中不帶腥臭，與鹽味醬汁完成理想比例。搭配滑順口感的麵體，充份包覆湯汁呈現美味。

千葉·八街

南青山

在千葉縣內擁有9家分店的「青山」集團4號店。以腿骨熬煮而成的濃稠豚骨湯頭為主軸，推出博多風的豚骨拉麵、獨創担担麵、經典沾醬麵等，豐富精采的商品。使用麵體以細麵為主，麵條在口中Q彈柔滑感，提升整體質感。

細麵

製麵內容

材　料
高筋麵粉、水、鹽、鹼水

含水率
28%

切　齒
28號

1球份量
120g

「南青山」主要使用的麵體。二項招牌商品「豚骨拉麵」與「麵」均使用細麵製作。1日約製作100球份量。與博多豚骨獨特的粉質口感組合，堪稱絕妙經典。

● 拉麵　白　680日圓

由腿骨熬製出不帶腥臭味的濃厚豚骨湯頭。藉由背脂的添加，更增柔滑口感。「白」使用當地八街產的花生油。另有添加麻油的「黑」可供選擇。

● 担担麵　780日圓

店內元老級單品「麵」，以濃稠豚骨湯頭搭配獨家細麵，再加入番茄的經典作品。經熱燙剝皮去籽的番茄中，鑲有豬腳肉炒高菜。

沾醬麵用
粗麵

製麵內容

材 料
高筋麵粉、水、鹽、鹼水

含水率
37%

切 齒
14號

1球份量
200g

沾醬麵專用麵體，1日約製作30份。鹼水用量極少，因此麵體呈現白色，口感也近似烏龍麵。入口滑順綿密的嚼感為最大特色。

● 沾醬麵　680日圓

以柴魚為主的高湯調製出的豚骨魚貝醬汁。沾醬帶酸甜味，甜味略強。淋上辣油食用，更具獨特風味。

● DOTECHIN沾醬麵　680日圓

店內也提供系列分店「DOTECHIN」中的人氣沾醬麵。芳香柴魚風味的濃厚豚骨魚貝湯頭中，添加大量蒜頭，是讓人一吃就上癮的超級美味。

DOTHCHIN
專用粗麵

製麵內容

材 料
高筋麵粉、水、鹽、鹼水

含水率
33%

切 齒
14號

1球份量
200g

以不輸濃郁湯頭的強勁口感為目標所製成的麵條，內含高量蛋白質與灰份的麵粉是最佳原料選擇。淡茶色麵體，散發強烈小麥香氣。與「DOTECHIN拉麵」兼用。

大阪・茨木 茨木きんせい
Bright stellar evolution

2001年開業的「きんせい」。現今本店直營分店加上新型態店面共計7家店鋪。以顛覆傳統的創新理念為訴求。「茨木きんせい Bright stellar evolution」為首家豚骨拉麵專賣店。製麵由「交野製麵廠」負責供應所有店鋪使用。

拉麵用

製麵內容

材料
2種類高筋麵粉、1種中筋麵粉
水、蛋、鹽、鹼水

含水率
35.5%

切齒
22號

1球份量
135g

不刻意凸顯豚骨湯頭的差異性，講究整體的均衡。以製作所有人都能接受的口味為最大目標。入口後的滑順感為最大特色。麵條完成需置放2日熟成後才能使用。

● **小魚高湯豚骨 750日圓**

基本的拉麵。以腿骨與背脂熬煮的豚骨湯頭加上3種魚干及昆布熬出的高湯，以7：3比例調製而成。是廣受各族群客層歡迎的口味。

● **沾醬麵　並　850日圓**

在醬油味的豚骨湯頭內添加味霖、一味唐辛子、柴魚細粉等調製成沾醬。與拉麵同樣不含化學調味料。「並」為麵2球、中為3球、特大為4球。

沾醬麵用

製麵內容

材料
高筋麵粉、中筋麵粉、全粒粉、黃豆粉、水、鹽、鹼水

含水率
34%

切齒
12號

1球份量
140g

著重入口滑順紮實口感，以中筋麵粉為基礎，加上2成比例的高筋麵粉調配而成。添加全粒粉提升小麥風味。黃豆粉則有助於增強甜味的元素。

講究現做香味與口感的製麵精神

東京・澀谷

ラーメン凪 渋谷総本店

麵體裁切完成後立即使用 無可比擬的卓越鮮度

開始自製麵條在於澀谷「凪」開幕後第2年的冬天。2008年2月。開店初期，自製麵條即是經營的理想之一，礙於費用及場地問題，只能先行訂製進貨。從網路購得中古的優質製麵機開始，設立製麵專用的工房，在新宿與駒入相繼開設「凪」系列分店後，現今每日進行6種類別的製麵作業。

儘管已購得理想中的製麵器材，也有了製麵場所，但是對於製麵作業，仍是一無所知的領域。經過了專業製麵教授人員的指導後，習得技術。也藉此將一直以來依賴的久留米進貨完全轉換成使用自家製麵。

現做麵條，提供顧客前所未有的新鮮小麥香氣與風味。為充分利用小麥香氣，店內在完成麵條裁切後，刻意不經熟成作業，以最快速度提供使用。

麵糰保持25度C恆溫處理 嚴格實行縝密的溫度管理

「凪」的麵體最大特色在於咀嚼時獨特的「Q彈」口感。搭配可充分吸收湯頭的低含水細麵，長時間下仍能保持韌性。

與湯頭的密合度、入口的感覺等，都是研發期間的不變堅持。

材料包括麵粉、鹼水、鹽、乾燥蛋白。麵粉採用蛋白含量高的麵包用高筋粉「UTAMALO」。不添加其他種類麵粉。為凸顯麵粉風味，使用水另加入炭，以達成除臭、淨水目的。

含水率控制在24%以下，再依照當天天候及溼度進行微調整。以攪拌機拌勻，經複合2次、延壓2次的作業後進行裁切。切齒使用26號。

製麵作業中最重要的即是嚴格的溫度控管。在了解「酵母最安定的溫度為25度C」後，必須徹底做好溫度調節，將麵糰溫度維持在25度C。

例如在溫度極易上升的夏季時期，必須先將麵粉及鹼水先置於冰箱降溫後再進行攪拌。

不僅是細麵，應該是所有麵條製作的共通準則。如此才能不受季節影響確保製麵的一定口感。

當溫度高於25度C，麵糰熟成速度過快，會使麵條變得鬆軟，缺乏韌性。除此之外，詳細寫下製麵作業內容，製成流程表格。為確保品質穩定，工作人員必須確認每一項目後方能進行程序。

過去經常為了配合湯頭改良而同時改變麵體。

現今在開發出滿意的麵體後，不再隨意變動。製麵目標在於「保持穩定品質」，不因任何因素影響品質的理想自家製麵，正取決於店家紮實的努力及徹底的溫度管理環境。

關於湯頭

材料為豬頭骨與腿骨。豬頭骨預燙後以水沖洗，徹底清除腥臭味。熬煮後的美味湯頭帶有溫潤的甘甜味。準備用湯，是將新骨置於水中煮出的「新鮮高湯」加上前日骨頭，徹底熬煮出完整美味的「提供用湯」2種。提供用湯是以新鮮高湯的增減來做調整。使用導熱效果佳的特殊鍋底高湯鍋，各以強火加熱熬煮而成。

地址／東京都澀谷區東1-3-1 KAMINITO 1樓
電話／03-3499-0390
營業時間／11時30分～15時、17時～凌晨3時（週日為11時30分～21時）全年無休
http://www.n-nagi.com

與湯頭理想搭配的製麵
展現獨特風格個性

千葉・八街
南青山

1%鹼水量「白色」麵條的堅持

千葉縣內擁有9家分店的「青山」集團，1號店「青山」在2005年開幕時，即採用自家製麵。

初期店內僅有1.5坪大的製麵空間，直到第4家分店開幕後，才設立獨立的製麵工房。

現今已增至9家分店，除了提供所有分店使用外，千葉縣內多家拉麵店及高爾夫球場內餐館也向其訂貨，已具備"製麵廠"之專業規模。製麵廠內作業時間自清晨4時至19時。廠內配屬專業人員及員工4名，外加負責協助製麵及配送作業的計時人員2名。

儘管同屬相同集團，旗下各家分店均有其特色。

從湯頭、麵條、以至香味油，各店都有完全不同的作法。包含限量的創作麵，所有麵條均採用自家製麵，目前僅有販售札幌味噌的「北青山」店，因為與「當地產的最適合」，採用自札幌空運而來的麵條。

「青山」集團麵條的共通特色在於「鹼水含量極低」。此作法源自青山社長對於「阿摩尼亞味道非常敏感」，一般約2%的鹼水使用量，在此僅使用1%。

如此一來，也可對湯頭影響降至最低。使用的是味道最少的天然蒙古產鹼料。由於鹼水量低，系列店舖內的麵條均呈現偏白色澤。

承襲道地博多豚骨 致力追求完美口感的麵條

如前述，「南青山」的主打賣點為九州・博多的豚骨拉麵。以招牌拉麵為主軸，其他如沾醬麵、原味担担麵、分店人氣商品「DOTECHIN」等運用豚骨湯頭完成的品項，使店內菜單豐富又精采。

麵條種類固定4款，其他限量商品專用麵條約有1～2種。

110～111頁的彩頁末刊載介紹的還有右側左下方照片裡的「中粗麵」，為「味噌拉麵」用麵，780円。由數種味噌調製出濃厚湯頭，搭配高含水直麵，特有的彈牙Q勁，充滿誘人魅力。

主要使用麵條為拉麵與担担麵用細麵，每日約製作100份。其它品項則使用另外專用麵條。

細麵的含水率目前為28%，2008年6月開業初期則為30%。雖屬細麵，從過去的Q彈口感，到現今的紮實咬勁，已經產生極大轉變。

此外，為考量與濃厚湯頭搭配的協調性，開業2週後麵體首度做了大變更。改變了麵粉及含水率，成為目前製麵的原型。

28%數字的決定來自於與湯頭均衡度的精算結果。低於此的含水率會產生「如同在吃麵粉」般的口感。

力求重現博多豚骨獨特的紮實口感，將材料改為蛋白及灰色含量較高的著名麵粉。

灰份在愈接近小麥粒表皮成分愈高，意即礦物質成分。也因此能製作出獨特筋度及芳香氣味。

「自家製麵的強項在於可精確達成自身的要求內容」，青山先生說道。此外在推出每月更換的限量商品時，由於數量少，也只有自家製麵才能在不計成本的情況下製作，自由的發揮空間，即是無價之寶。

麵條在製麵廠需1日熟成時間 將立即可使用者配送至店內

「青山」集團製麵用粉，全採用外麥的高筋麵粉。依照麵體不同，使用種類各有差異之外，各種麵粉均不混合調製。目的在於充分活化展現小麥原有的風味及特色。

麵粉內僅加入水、鹽、鹼水等基本材料，每月更換的限量品項用麵，則會加入大豆粉、樹薯粉及麩質等。製麵廠內置有大（25kg）、小（12.5kg）。二台製麵機依製作麵量分別使用。

將前述材料放入機器內，首先進行攪拌。依照季節、溫度及麵體種類而略有差異，基本的攪拌時間為12分鐘。

待麵糰成疙瘩狀後，以壓麵機壓成2條麵帶。將2麵帶合而為一的作業需進行2次，之後延壓2次。

作業完成後的麵帶，以保鮮膜覆蓋置於常溫30～60分鐘，隨後進行裁切。完成後的麵條再置於製麵廠的冷藏庫內經1日熟成後，才能送往店鋪。

每日配送立即可用麵條至各店鋪。不添加任何防腐劑，因此必須在2日內使用完畢。製麵廠的溼度設定為30%～40%。

關於湯頭

不使用背骨及豬頭骨，僅以腿骨為材料熬煮出濃郁香醇的湯頭。香滑順口無腥臭，至少11小時的大火熬煮，經調整濃度與口味後移至營業用湯頭鍋內。移好的湯頭加蓋並以弱火持續加熱。

以大小2台製麵機進行作業的製麵廠。完成後麵條需置於後方冷藏室內經1日熟成程序。

製麵的最重要原則 製作者與食用者的安全

部分人氣商品可在各分店品嚐，但是基本上各店的商品均是獨一無二。製作的份量各有差異，要因應集團各分店的專用麵體多款種類是相當費神的作業。

過去是由青山先生獨自開發所有限量商品，近來則開放由各店店長自行研發限量麵款，此舉可激勵員工的信心與向心力。「經驗的累積往往能成就完成心目中理想的麵體」，青山先生說道。

「依照自己的想法完成的麵條即是自家製麵的醍醐味」，在努力追求深奧美味的同時，青山先生表示，「最重要的還是安全」。

面對大型機械的運作，稍有不慎都可能有致命危險。「堅持美味的麵條，不添加防腐劑，即是基於這個原則」。

含水率低的麵體易破裂，壓麵時厚度掌握非常重要。是須仰賴經驗與技術的專業作業。

地址／千葉縣八街市八街46-101
電話／043-444-6878
營業時間／11時～24時　全年無休

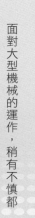

不以強烈個性麵體為訴求 期待創造 眾人喜愛的平實風味

大阪・茨木

茨木きんせい

Bright stellar evolution

使用2台25kg攪拌機 製作提供7店鋪份麵條

2001年中村先生於大阪・高槻開設「彩色ラーメン　きんせい」（目前已「總本家高槻榮店」營業中）。自家製麵開始於開業後半年。從5kg攪拌機開始的小規模製麵，到今日使用2台25kg大型攪拌機，提供集團內7家分店的所有麵條。

「茨木きんせい」為集團最初的豚骨拉麵店，中村先生不曾有過為豚骨湯頭特別開發專用麵體的念頭。製麵的目標在於追求可搭配所有湯頭，不具備強烈凸出性、眾人皆可接受的平實風味麵條。

拉麵用麵採用2種高筋麵粉與1種中筋麵粉混合而成，筋質的黏性強，具強烈麥香。鹼水與鹽選用兼具香氣及口味的蒙古製產品。水則以淨水器過濾後使用。初期為加速供應速度，將麵帶壓得極薄，由於容易軟爛而改變增加厚度，切齒也更換尺寸。

另一方面，在沾醬麵上由於著重於入口的Q彈口感，以中筋粉為基底，再添加2成的高筋粉。再與全粒粉搭配，呈現出濃濃的小麥香氣。此外，黃豆粉的添加亦為特色之一。加入黃豆粉可使麵條帶有淡雅甜味，提升麵質深度。

沾醬麵是以烏龍麵為原型所製作，在中筋粉的調製上相當困難，初期在麵糰研發上吃足苦頭。目前含水率設定為34%左右，以較鬆的壓麵力量壓製麵帶。

拉麵用與沾醬麵用的麵糰基本作法相同。揉合一回後，為使水份均勻散佈，需靜置3小時。之後再延壓3次，裁切成麵條。麵條需置於冷藏室2日熟成產生筋質。

前述的一連型25kg攪拌機的特色在於，壓麵輪非不鏽鋼製，而是鐵製品。不鏽鋼材質無法進行低含水麵條的製作。

拉麵用

沾醬麵用

關於湯頭

豚骨湯頭

小魚高湯

「高湯豚骨」是由腿骨與背脂經5個半小時熬煮及一夜熟成後完成的豚骨湯頭，混合沙丁魚、竹莢魚、秋刀魚等魚乾與昆布熬出的濃高湯調合而成。

地址／大阪府茨木市真砂1-12-5
電話／072-636-6100
營業時間／11時30分～23時　最後點單
全年無休
http://www.kinseigroup.com

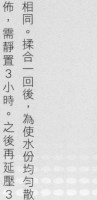

豚骨拉麵的歷史

豚骨拉麵在日本各地各有特色
多數豚骨拉麵的型態，受當地拉麵影響甚鉅
以「豚骨」為關鍵字，深入瞭解拉麵的歷史與動向

拉麵評論家　北島秀一

- 何謂豚骨拉麵
- 豚骨拉麵的二種起源説
- 九州當地的豚骨拉麵
- 九州以外的在地豚骨拉麵
- 關東的豚骨拉麵現況（なんでんかんでん※前）
- 關東的豚骨拉麵現況（なんでんかんでん後）
- 今日的豚骨拉麵現況

※編註：東京的博多拉麵店。

何謂豚骨拉麵？

直到2000年左右，日本人對拉麵的分類，基本上不外乎以「醬油」、「味增」、「鹽味」、「豚骨」來區分。然而這種分類法卻存在著矛盾之處，也正是長期以來饕客們論戰不休的爭議點。

相對於醬油・味增・鹽同為湯頭中的調味料而言，豚骨是熬出高湯的原料。「豚骨拉麵還是需要以醬油或是鹽來調味。而醬油拉麵或鹽味拉麵湯頭中也往往使用豚骨作為食材」，這是最大的差異性所在。

然而，先不論細節，一般大眾仍以上述四種為普遍認同的分類。對於提及豚骨湯頭腦中浮現的必然是純白濃郁的精燉湯頭，不需調味料即可展現過人美味的強勢印象。

若以普遍的認知來定義「豚骨拉麵」，應可描述為「以豬骨為主體材料，經過大火長時間熬煮後，使脂份乳化所形成不透明的濃濁湯頭」。原本不相融的水份，藉由高溫加熱材料內的油脂，產生分子結合的乳化狀態，這也正是豚骨湯頭製作的基本原理。由於湯內融入脂份而呈現出遠較一般湯頭濃郁、香醇的口感。

這股獨特風味即是「豚骨湯頭」無可比擬的魅力所在。

九州是公認的豚骨拉麵發源地。單就以豬骨熬製湯頭的製作方式而言，的確是以九州為中心。添加其他素材、或是利用多項調味料的製作，則多數發展自山口縣、廣島縣、德島縣、愛媛縣、和哥山縣等地區。

由於日本人的飲食生活是以肉食為中心，對於拉麵湯頭的要求有明顯偏濃郁的傾向。因此，豚骨拉麵以及其衍生出的產品，堪稱現今拉麵主流。

豚骨拉麵的二種起源

提到「豚骨拉麵」，普遍最深刻的印象即是白濁湯頭，搭配極細麵，另添加滷蛋的「博多拉麵」型態。

一說九州最早的豚骨拉麵誕生地為福岡縣的久留米市。

1937年在久留米市出現九州首見的拉麵店（麵攤）「**南京千両**」。當初「**南京千両**」的湯頭並非白濁豚骨，真正豚骨湯頭的出現是在1947年，位於久留米市的拉麵店「**三九**」。

「**三九**」原本也是承襲「**南京千両**」的方法製作清澄湯頭，某日因為火候控制失誤，以強火持續加熱而造成湯頭濁化，飲用後發現另具美味口感。目前遍及九州各地的豚骨湯頭，除了鹿兒島縣外，多數都是將久留米發祥的豚骨拉麵視為元祖。

此外，福岡縣的博多（福岡市），則另有與豚骨起源連結的店家。博多名店「**赤のれん**」，店主據說曾在戰時於中國吃過濃郁湯頭的中華麵，而立志將其美味於博多再現。

此外，中國的中華麵也曾有源自愛奴料理的說法。

九州各地仍可見戰前傳入，湯頭清爽的拉麵店家。

但是多數已被「豚骨」新文化所取代。這股新型態拉麵風潮的形成，全因受到廣大民眾喜愛及支持所致。

九州當地的豚骨拉麵

首都圈內不乏標榜「九州拉麵」的店家，實際上，各縣的拉麵均有其在地獨特的特徵。以下即選擇數種具代表性型態作介紹。

久留米

如前文所述，是多數九州豚骨拉麵認同的起源地。湯頭普遍較博多更為濃厚，豬骨使用量也更多。麵體較博多粗。過去多數店家不提供加麵服務，近來受博多系統的影響，提供加麵的店家陸續增加中。

博多

博多是全國能見度最高的「九州豚骨」代表。相較於久留米系統，博多豚骨湯頭似乎更具視覺上的衝擊性。搭配極細麵，以及加麵等獨特供應方式，在1980年代迅速風靡全國。

常被稱為博多拉麵別名的「長濱拉麵」，意指福岡市長濱地區的拉麵。長濱地區有鮮魚市場，為因應忙碌漁業業者的需求，必需使用能快速煮好的極細麵。

由於極細麵易軟爛，因而衍生出不先叫大碗份量，吃不夠時再加點的特殊方式。

現今「長濱拉麵」與「博多拉麵」間的區分仍然難以明顯界定。

熊本

拉麵首次傳熊本縣是在熊本縣西北部

的玉名市。

玉名市則傳自久留米，而在熊本市大放異彩，「**こむらさき**」、「**味千**」、「**桂花**」均為著名店家，也奠定了日後熊本拉麵的原型。

熊本拉麵在九州各縣拉麵中獨具個性。湯內除了運用豬骨外，另添加雞骨熬煮，因此口感遠較他縣溫和。麵體偏粗，一般縣市常使用的整顆生蒜頭，在此則再經加熱處理，使香氣更為強烈。有將蒜頭切片後煎脆的「蒜香片」，以及爆香蒜頭與油調成的「麻油」等，均為熊本拉麵的特徵。

特別是「麻油」，在首都圈內的名店「**なんつッ亭**」，幾乎已成為經典的招牌調味品。

麻油與豚骨拉麵的搭配度極佳，近來已成為全國豚骨湯頭內必備的調味品。福岡等地近期也已出現添加麻油的人氣店舖。

鹿兒島

九州各縣中，據說只有鹿兒島的拉麵不是源自久留米。元祖級的代表「**のぼる屋**」，創業者曾於橫濱修業，同樣以豬骨為湯底，但是多數為半濁型態，並且添加雞骨或蔬菜熬煮，相較於其他縣市，口味獨具特色。

但是相對地，與某些區域的拉麵相比，有時很難界定出「這就是鹿兒島拉麵」的明確定義。

也許因為這個緣故，在九州地區，鹿兒島是少見擁有眾多味增拉麵店舖的地區。此外，也偏好使用當地食材創新口味，如添加鮪魚等，至今，豐富多變的風格幾乎已成為鹿兒島拉麵的最大特徵。

九州以外的在地豚骨拉麵

進行全國各地拉麵的調查時，發現除九州之外，出現歷史長遠的豚骨湯頭區域，大多集中在西日本，中京~東日本間幾乎顯少有具年代淵源的豚骨湯頭。

理由尚未定論，以筆者個人觀點推測，對於重視醬汁（調味料）的東日本飲食文化而言，西日本應屬較易接受的區域。

如前文所述，在「醬油・味增・鹽・豚骨」的拉麵分類中，「豚骨」是唯一熬製高湯的素材。此外，依照西日本流傳的說法中「原本清澈的湯頭，因為火候控制的失誤，而以大火煮出豚骨（白湯）湯頭」，代表是出自偶然的結果。

拉麵的歷史與人氣動向年表

寛文5年間	1665	水戶光圀為文獻中首位品嚐拉麵的日本人
明治5年	1872	橫濱南京街內中華料理店逐漸興起
明治12年	1879	東京首次開業的中華料理店「永和」
明治38年	1905	長崎「四海楼」首度推出長崎燴麵
明治43年	1910	東京首家拉麵店「来々軒」於淺草開業
大正12年	1922	札幌的「竹屋食堂」推出「拉麵」
大正12年		首次日人經營的鹼水業者開業
昭和7年	1932	「支那食堂」首度進駐大阪・梅田阪急百貨公司
昭和10年	1935	東京・錦系町麵攤「貧乏軒」開業
昭和12年	1937	仙台的「龍亭」開賣涼拌麵
昭和12年		久留米開設「南京千両」
昭和21年	1946	名古屋「寿かぎや」開業
昭和22年	1947	旭川「蜂屋」開業
昭和22年		旭川「青葉」開業
昭和23年	1948	東京・荻窪「丸長」開業
昭和24年	1949	喜多方「まこと食堂」開業
昭和24年		東京・荻窪「春木屋」開業
昭和25年	1950	札幌「味の三平」開業
昭和26年	1951	東京・三鷹「江ぐち」開業
昭和29年	1954	櫪木・佐野「赤見屋本店」開業
昭和33年	1958	日清雞汁拉麵8月25日發售

以重視湯頭清透度的東日本而言，僅管因為相同因素產生豚骨湯頭，充其量只是失敗的作業程序，不會因此加以發展利用。

以下列舉數處九州以外提供豚骨湯頭的區域。

首先是山口縣宇部市。山口縣內不僅在宇部市，其他如下關市等西側地區均可見為數不少的九州風白濁豚骨店家。一方面也是由於關門隧道連結的地利影響，使得福岡縣的特色豚骨得以直接傳入。

廣島

廣島縣的拉麵中，以尾道拉麵最為眾人所知，廣島市本身也擁有獨特的拉麵型態。

「**陽気**」、「**すずめ**」等都是極具代表性的廣島拉麵店家。戰後源自麵攤發展而成的廣島拉麵也是以豬骨為湯底材料，另添加甘甜醬油調味，呈現出較九州拉麵溫和的口味。以醬油為主軸的尾道拉麵，明顯具有其獨立型態。

四國

四國境內的愛媛縣及德島縣也可見白濁豚骨文化。值得一提的是德島縣的情況，日本火腿的前身「德島火腿」即位於德島市內，當地平價提供的豬骨在戰後物資缺乏的年代，經由黑市交易大量售予麵攤，而逐漸發展至今。

「充份利用當時廉價材料」所製作的拉麵充滿庶民性，再加上曾於中國戰場從事拉麵製作的伙夫依其記憶再現的麵攤口味，形成獨特拉麵文化，可謂是戰後拉麵史的典型發展模式。

和歌山

和歌山縣，同樣以戰後誕生的拉麵攤為發祥地，初期為醬油味濃烈的清透湯頭。

隨後「**井出商店**」因為「製作高湯時火候控制失誤，意外製成白濁湯頭」，完成後的豚骨醬油型態迅速傳遍各地並大受歡迎。

關西

關西屬獨立的超濃豚骨類型。與其說是本地風格，不如說是近6～7年來形成的新潮流。

具體代表為「**無鉄砲**」（京都府）、「**まりお流ら～めん**」（奈良縣）、「**天神旗**」（大阪府）等，雖然同源自九州豚骨，卻獨立進化發展，另成濃度追求一派。各家的高濃稠度豚骨湯頭已經成為經典特色。

一般而言，關西料理始終較其他區域味薄，以清爽印象見長，然而卻在拉麵上出現截然不同的表現。以超濃郁湯頭引發全國注目的「**天下一品**」，即為京都發祥。

京都地區也可見雞骨比例高，湯頭浮著背脂的特色型態，是國內極度偏好濃厚湯頭的區域。

因此全國首屈一指的超濃豚骨店舖，在關西能獲得壓倒性優勢，應該也與此偏好有關。

昭和33年	1958	東京・武蔵境的「珍珍亭」首創油蕎麥麵概念
昭和33年		久留米「丸星ラーメン店」開業
昭和34年	1959	福岡的マルタイ的「雞汁味棒拉麵」發售
昭和36年	1961	札幌「味の三平」的大宮守人首創味噌拉麵概念
昭和36年		東京・東池袋「大勝軒」開業。推出「特製涼麵」
昭和38年	1963	エースコック發售餛飩麵
昭和39年	1964	札幌「華平」首創拉麵添加奶油提案
昭和41年	1966	1月速食麵「サッポロ一番」推出醬油與鹽味系列
昭和41年		9月 推出明星チャルメラ速食麵
昭和42年	1967	東京的拉麵平均價格為100日圓
昭和43年	1968	札幌拉麵連鎖店「どさん子」設立第300家分店
昭和43年		2月 芝麻辣油口味「出前一丁」新發售
昭和44年	1969	9月 「サッポロ一番」發售味噌口味
昭和44年		速食麵正式推出非油炸麵
昭和44年		マルちゃん鹽味拉麵新發售
昭和46年	1971	9月18日 日清杯麵發售
昭和46年		京都麵攤「天下一品」開業
昭和48年	1973	「つめ麵大王」創業
昭和49年	1974	橫濱「吉村家」開業
昭和51年	1976	東京的拉麵平均價格為250日圓
昭和52年	1977	「つけ麵大王」東京境內店舖漸增
昭和54年	1979	速食麵豚骨拉麵「うまかっちゃん」發售
昭和57年	1982	東京的拉麵平均價格為350日圓
昭和57年		高級速食麵中的明星「中華三昧」發售
昭和59年	1984	東京・築地首次出現博多拉麵專賣店「ふくちゃん」
昭和59年		東京・成增「道頓堀」開業
昭和60年	1985	「リンガーハット」全國突破100家分店

札幌

原本與豚骨拉麵全無淵源的札幌，近來似乎也人氣漸增。

儘管不少人開始認同源自關東的濃厚豚骨魚貝醬油口味，然而在札幌傳統的味噌拉麵上可見到來自豚骨的影響上，這點更令人關注。

原本札幌味噌拉麵湯頭多數偏向透明清爽口味，自１９９０年代後期開始，湯底改用濃厚豚骨雞骨高湯的店家不斷增加。

原來以味噌或豬油為口味主軸的型態，逐漸轉變成強調湯頭本身的深度與醇度。以提供使人印象深刻的拉麵型態為主要發展趨勢。

關東的豚骨拉麵現況（なんでんかんでん前）

從「東京拉麵」、橫濱中華街湯麵、夏麵的高接受度可明確瞭解首都圈內偏好清爽口味的傾向。

普遍認為九州系的豚骨在首都圈內廣受認同，始自１９８７年創業的「**なんでんかんでん**」，然而自此之前，已有不少店家因豚骨而身受歡迎。

１９６５年代進軍都內的熊本系「**桂花**」、獨立詮釋九州系豚骨的「**九州じゃんがらーめん**」、標榜濃厚度的久留米風「**魁華**」（已歇業）、及「**ふくちゃん**」、「**姫だるま**」（已歇業）等，都各有忠實擁護者。

在「**ラーメンショップ**」、「**道楽**」所謂關東豚骨，以及「**ホープ軒**」、「**土佐っ子**」等濃厚背脂系店家相繼成為人氣焦點後，濃厚香醇的湯頭可謂確實成為主流型態之一。

１９７４年於橫濱登場的「**吉村家**」人氣迅速飆升，形成一股「家系」風潮，也成為關東一大勢力。也奠定日後「豚骨醬油」型態的基礎。

經上述可大略瞭解原以清爽口味為主流的首都圈，接受濃郁豚骨的過程。「豚骨拉麵」會成為廣受歡迎的型態，普遍是由以年輕客群為中心的「**なんでんかんでん**」所影響。

設立於環七線上，開幕初期即連日湧入驚人的客群。

對照當時路邊停車規則較寬鬆時代而言，甚至出現「なんでん塞車」的流行語，足以顯示當時的驚人場面。

昭和60年	1985	因應超辣風潮速食麵推出激辛味系列商品
昭和60年		福岡「博多一風堂」開業
昭和61年	1986	佐野實氏的「支那そばや」進軍神奈川・藤澤
昭和62年	1987	喜多方拉麵會發起
昭和62年		東京・杉並「げんこつ屋」開業
昭和62年		東京・町田「大文字」開業
昭和62年		東京・環七延線「なんでんかんでん」開業
平成元年	1989	杯麵銷售量超越袋麵
平成元年		豚骨拉麵在全國人氣與日俱增
平成4年	1992	日清ラ王上市
平成4年		第2屆電視冠軍「拉麵王選手權」武內伸獲勝
平成4年	1992	千葉「ちばき屋」開業
平成6年	1994	新橫濱拉麵博物館開幕
平成7年	1995	東京・高田馬場「べんてん」開業
平成8年	1996	橫濱「くじら軒」開業
平成8年		東京・中野「青葉」開業
平成8年		東京・青山「麵屋武藏」開業
平成9年	1997	旭川拉麵「青葉」進駐新橫濱拉麵博物館
平成9年		旭川拉麵成為潮流話題
平成9年		神奈川・秦野「なんつッ亭」開業
平成9年		滋賀・野洲「来来亭」開業
平成9年		電視冠軍拉麵王選手權石神秀幸二連霸
平成10年	1998	日清「麵の達人」濃厚香醇醬油豚骨口味新登場
平成10年		和歌山「井出商店」大受歡迎
平成10年		家系拉麵超人氣
平成10年		本地拉麵成為話題
平成10年		尾道拉麵超人氣

「**なんでんかんでん**」的特色，即為東京較少見的正統豚骨湯頭。其它九州豚骨，常因應關東人的喜好，刻意去除骨腥味，多屬較溫和的熊本拉麵型態，

而「**なんでんかんでん**」的湯頭，則直接承襲福岡當地口味。當時關東少見的「加麵」也完全依當地手法再現，深獲多數饕客認同喜愛。

關東的豚骨拉麵現況（なんでんかんでん後）

在「**なんでんかんでん**」引發風潮後，首都圈內便以九州、特別是博多形態的豚骨拉麵為主，店舖數也迅速提升。

初期認為難以打入關東市場的九州豚骨，竟出人意料地快速被認同，主要原因應為戰後日本飲食習慣的西化，且當前世代在出生後已經普遍大量接受肉食的環境所致。

「**九州じゃんがらーめん**」早期供應的是清爽口味的拉麵，到了這個時期，開始加入濃厚湯頭拉麵品項，首都圈內拉麵湯頭濃厚化的現象，也成為普遍型態。

讓九州（主要為博多系）一舉躍升為主流地位者，首要歸功1994年登場的「新横濱拉麵博物館」。

將全國著名拉麵店聚集於一處。開館當時「**六角家**」的龐大陣容，讓全國瞭解何謂「家系」，豚骨醬油型態也成為注目焦點。

1996年創業的「**青葉**」更奠定了這股潮流的穩固基礎。與「**青葉**」同樣創業於1996年的還有「**麵屋武藏**」、「**くじら軒**」，當時稱為「96年組」，日後對拉麵發展產生極大影響。

「**青葉**」的影響在於將「和風豚骨醬油」推向人氣高點。

過去也曾有利用豚骨、雞骨等動物系結合鰹節、魚乾、鯖節等魚貝系風味而製成的拉麵，然而「**青葉**」將動物系的豬骨與雞骨徹底白湯化的湯頭則完全征服眾人的心。

此外名為「W湯頭」技法，則是將動物系與魚貝系不同的風味，各自明顯呈現的製作手法。同樣也成為連日大排長龍的人氣店鋪。

將當時拉麵界最受年輕族群歡迎的「豚骨」加上日本人始終鍾愛的「魚貝」合而為一，再以日本人心目中經典中的經典「醬油」作為調味，只要能取得理想的搭配比例，幾乎是穩操勝算的

平成11年	1999	東京・大久保煙燻蛋「竈」開業
平成11年	1999	東京・新宿「麵屋武蔵」蝦油登場
平成11年		埼玉・新座　鹽拉麵店「ぜんや」開業
平成11年		名古屋本地拉麵「台灣拉麵」成為話題
平成12年	2000	鹽味拉麵登場
平成12年		東京・足立「田中商店」開業
平成12年		埼玉・本川越「頑者」開業
平成12年		德島拉麵「いのたに」進駐新横濱拉麵博物館
平成12年		日清辣味麵竄紅
平成12年		東京・立川「鏡花」開業
平成12年		標榜不添加化學調味料店家大增
平成13年	2001	大阪・今福鶴見「カドヤ食堂」開業
平成13年		兵庫「西宮大勝軒」開業
平成14年	2002	東京・早稲田「俺の空」於排行節目中勇奪全國第1
平成14年		電視節目「2002拉麵盃」由「なんつッ亭」奪冠
平成14年		各地複合式拉麵店相繼開設
平成15年	2003	京都・木津川「無鉄砲」本店開業
平成15年		埼玉・武蔵浦和拉麵複合店「ラーメンアカデミー」開業
平成15年		仙台拉麵複合店「拉麵國技場」開業
平成15年		大阪・豐中「麵哲」開業
平成16年	2004	二郎拉麵風店鋪急增
平成16年		東京・武蔵境「きら星」開業
平成16年		福岡・大名「博多一幸舍」開業
平成16年		390日圓平價拉麵掘起
平成16年		東京・九段「斑鳩」開業
平成17年	2005	廣島風沾醬麵東京首賣
平成17年		東京・本郷「初代けいすけ」開業

概念。

隨後「和風豚骨醬油」風味即以「**青葉**」視為正統，也相繼出現人稱「青葉inspire」的忠實追隨者。直到2010年的今日，儘管在濃度與比例上已產生多種變化，此流派仍然維持難以撼動的影響力。

「**青葉**」當時推出的「沾醬麵」系列，隨即成為人氣商品。

而人稱「青葉inspire」的忠實店家，也都相繼推出同樣沾醬麵。「**渡なべ**」、「**頑者**」即為此一員。目前位居沾醬麵龍頭的「**とみ田**」、「**六厘舍**」，則屬東池袋大勝軒系列，倘若96年「**青葉**」沒有發表和風豚骨醬油口味，兩者的拉麵與沾醬麵則難以發展至今日的結果。

今日的豚骨拉麵現況

現今的「豚骨拉麵」，包含衍生出的各種流派，儼然已成為全國拉麵的中心主流。九州系的豚骨「**博多一風堂**」、「**一蘭**」分店遍佈全國，「**博多一風堂**」更成功進軍海外。

從「**吉村家**」分支出的家系店鋪，也都獲得高人氣及評價。此外，讓沾醬麵成為明星商品的，則首推濃厚魚貝豚骨醬油口味的代表店家「**六厘舍**」，此後沾醬麵店家猶如雨後春筍般在各地迅速增加，形成競爭激烈的新戰場。

儘管市場上仍有淡麗系、清湯型態的口味需求，卻仍不敵現今以豬骨為基本製成的濃郁湯頭。

當前濃厚豚骨醬油的流行，可稱自1965年代的味噌風潮、1980年代豚骨熱、第三度的大型飲食潮流。

另一方面，九州各地及自古即以豚骨湯頭為主的在地拉麵，或是人氣連鎖店，在展店策略上均呈現減少的現象（其中福岡為特例，豚骨拉麵新店增加數維持穩定）。

現今拉麵業界的情況，在網路資訊發達的今日，幾乎已達全國同步的速率。首都圈內大受歡迎的新型態，立即就會出現仿效的店家。

濃厚豚骨及各種衍生型態，也許是時下日本人最偏愛的口味，相對地，自古以來因地制宜的「拉麵多樣性」卻也逐漸喪失中。

平成17年		東京・大崎「六厘舍」開業
平成17年	2005	東京・音羽「ちゃぶ屋」重新開幕
平成17年		「玉五郎」「大吾郎商店」等風靡關西的人氣沾醬麵店
平成18年	2006	道路交通法修正加強取締違規停車
平成18年		千葉・松戸「中華蕎麦　とみ田」開業
平成18年		沾醬麵在大阪成為人氣商品
平成18年		拉麵添加豬油以外的香油逐漸受歡迎
平成18年		「インスパイヤ」等時尚店鋪增加中
平成19年	2007	東池袋「大勝軒」歇業前連日大排長龍成為媒體焦點
平成19年		西式濃湯系湯頭成為話題
平成20年	2008	「博多一風堂」紐約店開幕
平成20年		「濃厚魚貝豚骨」人氣攀升
平成20年		福岡「博多元助」開業
平成20年		舉辦大份量拉麵博覽會
平成21年	2009	東京・日比谷舉辦大沾醬麵博覽會
平成21年		長野市舉辦第4屆信州拉麵博覽會
平成21年		名店セカンドブランド迅速展店中
平成21年		東京・駒澤公園舉辦東京拉麵展
平成21年		第4屆新潟拉麵博覽會
平成21年		奈良拉麵博覽會
平成22年	2010	東京・大崎「六厘舍」歇業前徹夜大排長龍
平成22年		札幌大沾醬麵博覽會
平成22年		金澤舉辦第5屆北陸拉麵博覽會
平成22年		「博多一風堂」新加坡2號店開幕

※參考文獻：拉麵店繁盛BOOK第1集～9集、料理與食・系列叢書「拉麵・中華涼麵」、料理與食・No4「最新人氣拉麵、中華麵料理」、中華料理店第1集～11集、新版中華料理店第1集～6集、速食麵發明物語、月刊近代食堂（以上、旭屋出版刊）、超級拉麵（武內伸著）、拉麵王（双葉社刊）

［本次企劃登場的店家］

●東京
麵屋武藏＝新宿本店　東京都新宿區西新宿7-2-6k-1 大樓1樓
渡なべ＝東京都新宿區高田馬場2-1-4
六厘舍（歇業）
土佐っ子
ホープ軒＝東京都澀谷區千駄ヶ谷2-33-9
なんでんかんでん＝東京本店　東京都世田谷區羽根木1-8-7 山口大樓1樓
青葉＝中野本店　東京都中野區中野5-58-1
九州じゃんがららーめん＝秋葉原本店　東京都千代田區外神田3-11-6
魁華（歇業）
ふくちゃん（歇業）
姫だまる（歇業）

●千葉
とみ田＝千葉縣松戶市松戶1339

●埼玉
頑者＝埼玉縣川越市新富町1-1-8

●神奈川
吉村家＝神奈川縣横濱市西區南幸2-12-6 ストークミキ 1樓
六角家＝六角橋本店　神奈川縣横濱市神奈川區西神奈川3-1-5
なんつッ亭＝本店　神奈川縣秦野市松原町1-2
くじら軒＝横濱本店　神奈川県横濱市都筑区牛久保西1-2-10

●京都
天下一品＝總本店　京都府京都市左京區一乘寺白川通北大路下西側白川 1樓
無鉄砲＝本店　京都府木津川市梅谷鬚谷15-3

●奈良
まりお流らーめん＝奈良縣奈良市尼町433-3

●大阪
天神旗＝大阪府大阪市東淀川區上新庄3-19-87

●和歌山
井出商店＝和歌山縣和歌山市田中町4-84

●廣島
すずめ＝廣島縣廣島市西區東觀音町1-2
陽氣＝本店　廣島縣廣島市中區江波南3-4-1

●福岡
博多一風堂＝大名本店　福岡縣福岡市中央區大名1-13-14
一蘭＝發祥店　福岡縣福岡市南區那川2-2-10
元祖のれん　節ちゃんラーメン（「赤のれん」の味繼承）＝天神本店
福岡縣福岡市中央區渡邊通5-24-26
南京千兩＝五差路店　福岡縣久留米市野中町707-2
三九（歇業）

●熊本
位千＝本店　熊本縣熊本市水前寺6-20-24
こむらさき＝本店　熊本縣熊本市上林町3-32
桂花＝本店　熊本縣熊本市花畑町11-9K-1 大樓1F

●鹿兒島
のぼる屋

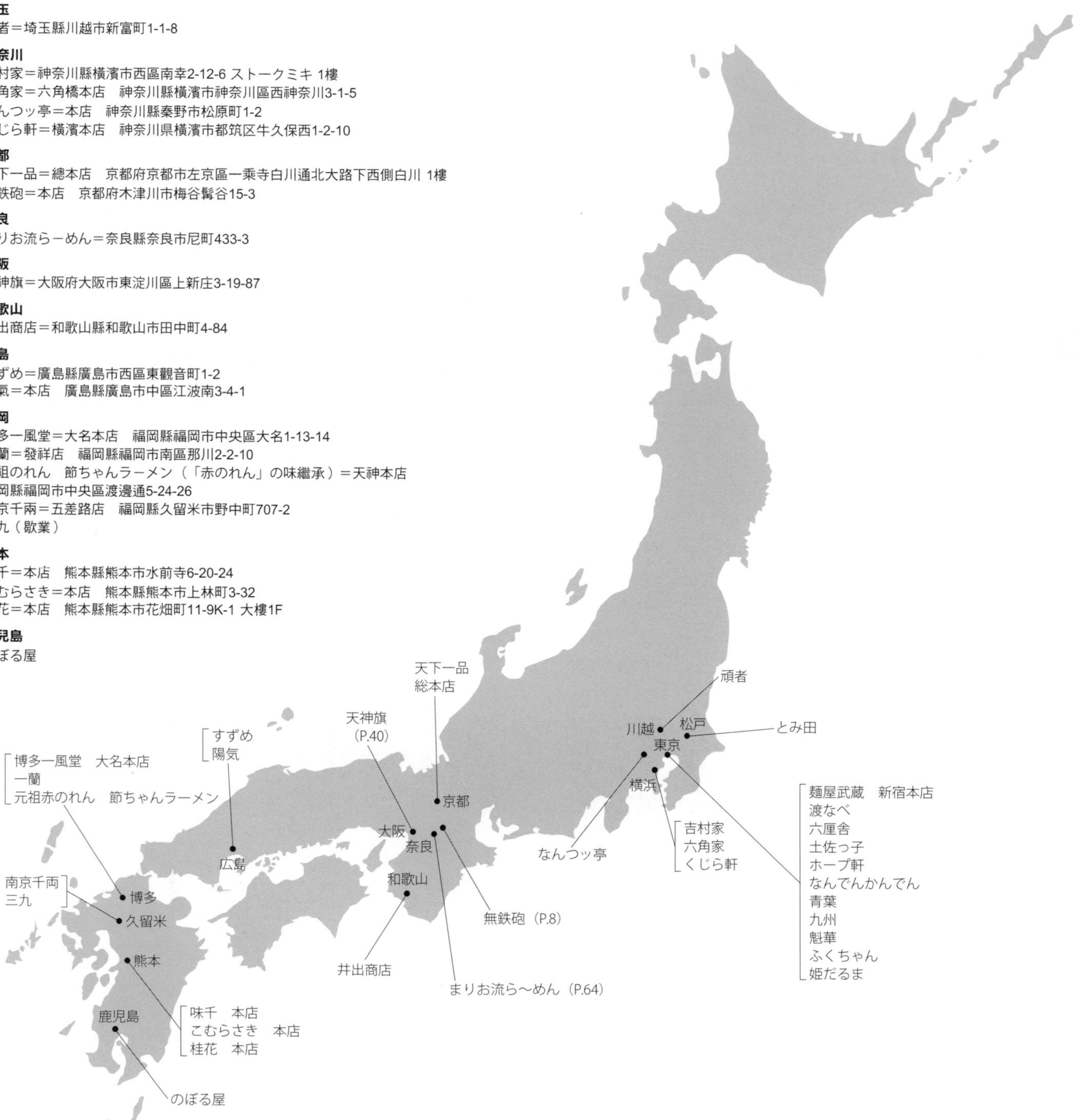

JAPANESE NOODLE? NO, TONKOTSU RAMEN!

I AM DELIGHTED THAT YOU AGREE WITH TONKOTSU

TONKOTSU拉麵 進軍世界！

從なんつッ亭進軍新加坡 看海外豚骨拉麵現況

取材・文 **垣東充生**

HOW NICE OF YOU TO INVITE ME FOR TONKOTSU RAMEN.

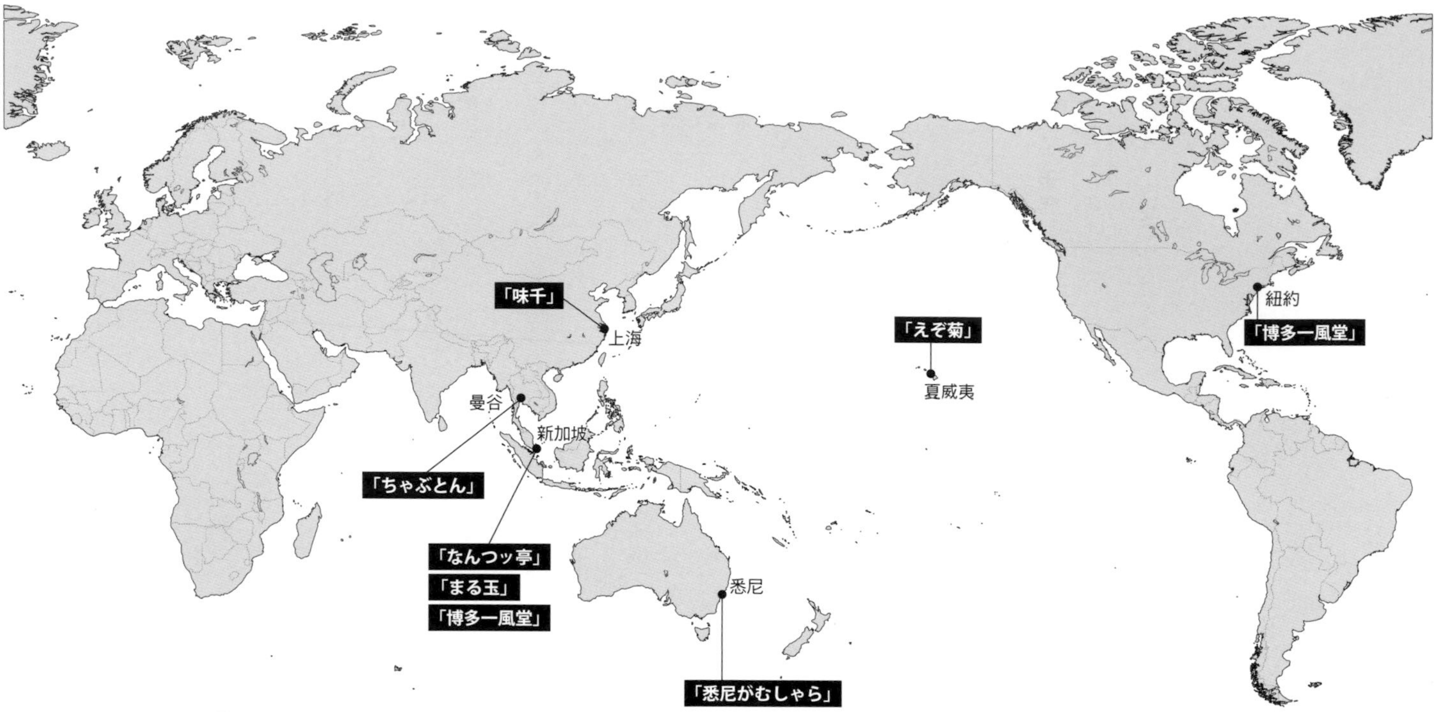

拉麵成為日本飲食的代表

一旦詢問前來日本的外國觀光客，「來日本想吃的料理是什麼？」最常聽到的回答就是「拉麵」和「壽司」。代表對外國人而言，拉麵遠勝天婦羅、壽喜燒等，儼然已成為日本飲食的代表。

相對地，這也證明拉麵是外國人也能普遍接受的口味。

拉麵業界中進軍海外的例子並不少。並且有日益增加的趨勢。本章節，就以本書主題「豚骨拉麵」部分進軍海外市場的情況，做較深入的探討。

拉麵 進軍海外略史

日本拉麵進軍海外市場，並非近期發生的事。夏威夷遠在1974年，已有「えぞ菊」進駐設店。當時主要客群仍鎖定日本觀光客及商務人士，地點也多以觀光景點為主。

此外，有別於拉麵店進駐海外市場的情況，日本生產的杯麵等速食拉麵以急速在各國普及化。今日速食拉麵已可運送至世界任何國家。藉由速食拉麵的普及，也成功推展海外人士對拉麵的認知與接受。

第一次情況的變化發生在1990年代。國內的拉麵風潮以點火般的形式，迅速向海外拓展，以亞洲圈為主（特別在台灣），掀起了一股「日式拉麵（日本風拉麵）」炫風。由於多數仍屬外國人仿效的型態，此時日本的「味千ラーメン」（熊本）掌握時機，成功打入台灣市場。（1994年）味千拉麵，翌年1995年在北京設店，開始一連串快速展店計劃。味千的成功也奠定日後拉麵店舖進駐海外的基礎。

第二次關鍵時期則在2003年，「博多一風堂」（福岡）的上海進駐。雖然過程艱辛，但是藉由此次經驗，成功地在2008年紐約設店。現今已獲得滿意成效，甚至榮獲刊載於「經典餐館導覽　紐約版」一書中。這是拉麵店首度被收錄其中。2009年進軍新加坡，同樣獲得極高度評價。

「博多一風堂」為引領拉麵風潮的超級名店之一。是業界進軍海外市場的超級典範。也是點燃全世界拉麵熱的首要功臣。

「まる玉」（東京）在新加坡、「無鉄砲」（京都）集團在悉尼開設的「悉尼がむしゃら」、「ちゃぶとん」（東京）在曼谷等，國內各名店相繼拓展海外市場。日後更籌劃在泰國進行設立拉麵集合體型態的「拉麵冠軍」計劃。足見拉麵店的海外拓展仍方興未艾。

「なんつッ亭」的海外進駐

2010年4月成功進軍新加坡的「なんつッ亭」（神奈川）也是這股風潮中的一員。「なんつッ亭」最早創業於神奈川縣秦野市，所在位置並無任何優勢，但是憑藉著濃厚的豚骨美味與黑麻油的完美組合，成為名氣響亮的排隊店家，隨後在品川、川崎、池袋、新宿設店，甚至遠赴札幌拓點。是現今拉麵業界著名的人氣店舖。

以下為「なんつッ亭」負責人古谷一郎先生，就新加坡展店過程，共同分享其經驗與想法。

古谷：**「契機點仍然是來自博多一風堂紐約設店的成功經驗吧。『自己也想挑戰看看』的念頭產生後，就開始對海外市場保持高度關注。正好這個時期，某家泰國企業提出提案」**

來自泰國的合作計劃，彷彿「天外飛來一筆」的意外。

古谷：**「一開始對方就告訴我『您的拉麵在泰國一定會大受歡迎的。要不要來泰國試試看？』雖然是毫無根據的說法（笑），卻還是引起我的興趣，也決定放手一搏。」**

於是古谷帶著工作團隊到了泰國，並提出試作商品。

古谷：**「試作品大受好評。香滑甘甜的美味是泰國前所未有的口感。前來試吃的都是泰國的有錢人，每位都是富豪級的饕客。有了這些人的肯定，讓我更加對自己的口味充滿自信。」**

泰國的計劃，卻因為契約面無法順利完成而無疾而終。始終相信「我的口味一定行得通」的古谷，開始往「不需藉助他人的力量，可以自行發展進駐的地區」方向計劃，最後決定的國家即為新加坡。

古谷：**「經過各方研究調查，發現要進駐亞洲地區開店，在各項條件限制下，往往需要與當地企業合作。有了上回失敗的經驗後，經過縝密調查，決定前往新加坡再次挑戰。」**

進軍新加坡的先驅，應屬2008年設店的「まる玉」。工藤社長甚至為此移居，目前在當地享有極高評價。在古谷先生從工藤社長獲得許多寶貴意見後，開始著手進行新加坡設店的準備。

對豚骨拉麵的期待

古谷描述：

「儘管自己的經驗與知識都貧乏有限，但是對於豚骨拉麵進軍海外的熱情卻與日俱增。」

當地常有客人以英語詢問「這家店叫做TONKOTSU」嗎？」。在海外豚骨大多直接採用音譯為TONKOTSU。

古谷：**「顧客中也有少許知道『なんつッ亭』的人，然而對絕大多數新加坡人而言，大多是衝著『豚骨拉麵』的魅力所至。」**

古谷：**「我幾乎不曾聽過採用日式拉麵這樣的用詞。」**

海外地區，過去的確使用過「日式拉麵」一詞。然而近期的海外拉麵市場也已經產生許多變化。

首先是拉麵店的專門化。過去的經營型態，以味千拉麵的菜單為例，包括生魚片、壽司，與其說是拉麵店，不如說是日式餐廳較為貼切。直到近期，開始出現與日本境內相同菜單的「拉麵專門店」。甚至細分至「豚骨」、「北海道風」（味噌）等拉麵口味的店鋪也逐漸增加中。

古谷：**「海外顧客對於產品選擇的知識日益豐富，未來專門店增加是必然的趨勢。」**

「TONKOTSU」的優越性

雖然沒有明確數據可以斷言，但是就一般拉麵的口味，醬油、味增、鹽、豚骨中，豚骨似乎是外國人士最能接受的口味。以目前進軍海外的拉麵店成功案例來看，似乎也證明豚骨口味的優越性。

為何豚骨湯頭能獲得海外的支持呢？外國人對豚骨湯頭的感想多為「濃醇香滑口感非常美味」、「從來沒有吃過的味道」。進一步探討，將動物性湯頭經由乳化，熬煮出稠度的調理法式，似乎是世界首見、獨一無二的作法。對於外國人而言，豚骨湯頭就是「來自日本的濃湯」。

實際上，豚骨拉麵（至少在「なんつッ亭」是如此）可稱是「加了麵的濃湯」。吃不完的時後，顧客會留下麵、喝完湯。這和日本人會吃完麵、留下湯的習慣完全不同。

豚骨拉麵還有其他優勢。包含筆者個人推論，再回到先前介紹的4種口味來作比較。首先，醬油與鹽讓人有「非日本獨特口味」的先入印象。畢竟在中國料理中也有類似湯品，不須為此刻意吃日本拉麵。此外，味增中的發酵麴香，對於外國人而言，好惡明顯兩極化，因此不易發展普及。總而言之，醬油與鹽味無法凸顯日本口味的獨特性，味增又因風格過於強烈，多數人敬而遠之，消去法所得的結果，豚骨味的優勢明顯可見。

如果無法完全吃完時，新加坡顧客會留下麵，只將湯喝完。

海外可以接受的TONKOTSU為何種型態？

在亞洲旅行可明確感受到，亞洲居民對於「鹹」與「油」較為排斥，而偏好「辣味」。就亞洲圈的日本料理店與中國餐館作比較，海外地區往往會刻意標榜「淡口味」、「少油」、「微辣」等特色。

拉麵也是相同的情況，過鹹過油是主要因素。然而，「鹽味」與「油脂」是拉麵不可或缺的元素。想像一下，經過減鹽、少油的拉麵，還能呈現真實美味嗎？

這也是古谷先生認為豚骨拉麵的優勢之一。

古谷：**「豚骨湯頭由於經過乳化過程，食用時不會產生油膩感。」**

以北海道的拉麵為例，湯頭表面浮有油層。部份東京拉麵甚至浮有粒狀背脂。多數亞洲顧客一眼就會感覺「啊、好油！」而敬而遠之。在這點上，豚骨湯頭則完全沒有浮油。（依照飲用量不同，實際油含量反而是豚骨湯頭較高）

古谷：**「此外，濃度高的湯頭，可掩蓋鹽味，不易感覺過鹹，這是另一項有利點。」**

總之，對於排斥「鹹」與「油」

的外國顧客而言，豚骨拉麵具有「容易食用」的最佳特點。瞭解這項基本原則，進軍海外市場的計劃，於是朝向以豚骨味為主流的方向傾倒。

首先需著重濃度。顧客預期「濃郁湯頭」的豚骨拉麵，如果湯頭不濃，絕對無法吸引來客。甚至要近似稠狀的超濃度。

其次是再濃的湯頭都不能帶有骨腥味。儘管在日本，這是幾乎與豚骨拉麵畫上等號的獨特味道，在海外卻完全不適用。由於首次進入海外市場的豚骨拉麵即強調「無腥味」，對外國人來說，如果是具有強烈口味的店舖計劃進入海外，必須背負極大的風險。

「濃厚無臭」，是海外豚骨拉麵的基本口味原則。

海外製作「豚骨」的困難點

然而，說來簡單，實際上在海外製作豚骨拉麵絕非易事。

首先是食材，特別是主原料豬骨的差異。豚骨拉麵使用的豬骨以「拳骨」（即大腿骨）、「豬頭骨」（頭蓋骨）、「背骨（肩骨）」（背骨、肋骨）為主，但是由於日本與海外飲食文化的差異，要取得這些豬骨並不容易，成本價格往往居高不下。此外，日本的豬骨多為相同品種（三元豬系），在海外則有各品種豬隻，也間接產生對味道的影響。

另一項重要差異則是水質。海外與日本相比，水的硬度高，也成為口味變化的原因之一。

其中最重要的則是海外開店時，不可避免的必須採用當地人為調理人員的問題。僅管也有日籍員工，基於成本考量，不可能全部雇用日籍人員。

古谷：**「日本人與外國人的想法基本上就完全不同，因此教授拉麵製作時也要用不同的方法。日本人立即能瞭解的感覺，對於外國人而言，不清楚說明理由，則完全無法理解與接受，這是常有的現象。」**

「なんつッ亭」在熬煮湯頭時，使用計量器掌握濃度。這僅在新加坡地區使用，日本當地並無另行測量。因為要製作出與日本相同的口味，日本當地的作法並不適用，必須配合在地的技術及流程作變更。

「日式」並不僅有口味而已

包括豚骨拉麵在內的全體拉麵而言，日本與海外，對於「拉麵」價格的認定也有差異。以新加坡為例，なんつッ亭的拉麵為12新幣，1新幣約為64日圓，即一碗拉麵為768日圓，以日本拉麵的平均價格約為700日圓來看，屬偏高價位。加上貨幣價值與其他餐飲業界的比較，的確有極大的價位差。

再談到地點的差異。海外的拉麵店，多數位於一等地區。也就是在內裝及器物上必須使用超越日本本地，以高級感為取向。

在海外的拉麵屬「中高級餐食」。至少遠高於在日本本地的地位。

海外市場裡的另一項重點則是顧客對拉麵店的要求是什麼？換言之，希望的價值在哪裡？當然，「美味」是基本訴求，但是如此絕對不夠。「服務」是不容忽視的關鍵。

日本的餐飲店，整體而言，在服務品質上的評價是相當高的。在日本即使是庶民店家，「歡迎光臨」、「謝謝惠顧」等招呼語幾乎是理所當然之事，但是在海外卻不盡然如此。

新加坡的「なんつッ亭」。光看照片，猶如日本本地店舖。標語立牌也以日本語標示。

古谷：**「顧客中有許多是衝著『喜歡日本式的待客態度』前來。以當地人來說，店內拉麵價格絕非便宜，但是卻願意消費，足見待客態度及服務是受認可的附加價值。」**

「なんつッ亭」並不刻意走高級路線，而採用與日本同樣簡單樸實的設計。

古谷：**「高級路線並沒有壞處，只要是與實際內容符合就沒有問題。以我的情況來說，過度花費的裝潢與我的商品並不相襯。因此我還是使用水泥牆面，加上浪板隔間，與日本相同的作法。同時也和日本一樣，以開朗、庶民、讓顧客輕鬆享受美食的態度經營，以日本同樣等級的誠意接待每一位顧客。」**

不只是「なんつッ亭」，海外的拉麵店，大多給當地居民「相當高級的餐館」的印象。因此，有愈來愈多店家努力著重於高級內容，然而就顧客的立場而言，也許優質的服務（日本式待客）更勝高價的硬體設備。

從價錢來看屬於「高級餐食」的豚骨拉麵，連在新加坡的「なんつッ亭」都出現朝聖的人潮。

TONKOTSU的課題

綜觀上述，豚骨拉麵在海外市場確實是前途有望的產業。「香醇濃郁」的湯頭，是世界少見的料理，無腥臭的豚骨拉麵也受到世人的認同。也許日後醬油、鹽味、味噌也能逐漸打入市場。時下日本最流行的沾醬麵，有一天也能揚名海外。但是相信豚骨拉麵在口味上的優越性仍然難以取代。

豚骨拉麵並非全然不見挑戰。如何打入伊斯蘭教國家的市場即是一大難題。伊斯蘭教徒依可蘭經的訓示不得食用豬肉。因此回教地區推廣「豚骨拉麵」幾乎是不可能的任務。

「まる玉拉麵」在新加坡曾經成功開發「雞白湯」湯頭，利用雞骨熬製湯頭，乳化後形成如豚骨湯頭般滑順口感。「まる玉」已於回教國印尼設店，並獲得極佳評價。TONKOTSU RAMEN風潮，相信日後在海外市場仍是一顆閃亮明星，吾等將賦予最高期待並樂見其成。